扩频通信系统的仿真与实现

赵宏伟　冯娟　著

国防工业出版社
·北京·

内 容 简 介

本书较为系统地阐述了直接序列扩频通信系统的基本理论,着重介绍了扩频接收机的设计方法与工程应用。全书共7章,主要内容包括扩频系统的基本概念,扩频码的特性与生成方法,扩频信号的产生与调制,扩频接收机的软硬件设计流程,扩频信号的捕获、跟踪,以及扩频系统中的抗干扰技术等。

本书内容是作者多年来教学实践与工程开发经验的总结,可作为高等院校通信类专业研究生和高年级本科生的教材,也可作为相关科研人员和工程技术人员的参考书。

图书在版编目(CIP)数据

扩频通信系统的仿真与实现/赵宏伟,冯娟著. ——
北京:国防工业出版社,2022.10
ISBN 978 - 7 - 118 - 11343 - 3

Ⅰ. ①扩… Ⅱ. ①赵… ②冯… Ⅲ. ①扩频通信 – 通
信系统 – 系统仿真 Ⅳ. ①TN914.42

中国版本图书馆 CIP 数据核字(2022)第 076249 号

※

国防工业出版社出版发行

(北京市海淀区紫竹院南路 23 号 邮政编码 100048)
北京龙世杰印刷有限公司印刷
新华书店经售

*

开本 880×1230 1/32 插页 10 印张 4¾ 字数 135 千字
2022 年 10 月第 1 版第 1 次印刷 印数 1—1500 册 定价 89.00 元

(本书如有印装错误,我社负责调换)

国防书店:(010)88540777   书店传真:(010)88540776
发行业务:(010)88540717   发行传真:(010)88540762

前　　言

　　扩频通信以抗干扰性强、寻址能力强、保密性高、截获率低等众多优点,成为现代通信技术发展的一个重要方向。近年来,扩频通信技术在卫星导航、移动通信、军事通信等领域得到了广泛应用。许多高校的通信类专业已经把扩频通信作为本科生或硕士研究生的必修课程,社会也急需培养更多的扩频通信系统研究和设计人员。

　　然而,由于扩频通信技术本身涉及大量的理论知识和数学推导,目前市场上关于扩频通信的相关书籍大都偏重于原理性的讲述,缺少工程实用性方面的引导,这使得许多读者在学习了扩频通信知识之后仍然不能与工程研究结合起来,从而无法掌握扩频技术的工程设计方法。针对此问题,作者在十余年的扩频系统研究开发和教学实践基础上,对扩频系统的构成、扩频接收机的设计、扩频信号的同步以及抗干扰技术等进行了系统的总结。通过对关键模块进行算法实例描述和仿真验证,以及对接收机的信号流程和设计流程进行系统阐述,使读者能够从系统层面上理解和掌握扩频通信系统的仿真和设计,从而尽快掌握扩频通信系统的理论知识和工程应用技能。

　　赵宏伟博士负责本书第4~7章的撰写和仿真实验,以及全书的定稿工作,西安电子科技大学冯娟博士负责本书第1~3章的撰写和全书的校对工作。西北工业大学研究生于沛涵、冯立基,西安电子科技大学研究生陈亚正等对书中的数学推导和仿真实验提供了很多帮助,在此表示感谢! 书中还参考了大量的文献资料及相关项目的设计文档,谨向文献、文档的作者表示最诚挚的谢意!

　　限于作者水平,书中难免存在疏漏或错误之处,敬请读者朋友批评指正。

作　者

目　　录

第1章　扩频系统概述

1.1　引言

扩频通信系统即扩展频谱通信系统,是指将待传输信息信号的窄带频谱用某个特定的扩频函数扩展为宽带信号后,再送到信道中进行传输;在接收端利用相应的技术将扩展了的宽带信号频谱进行压缩,恢复成原始传输信息信号的带宽,从而完成信息信号传输的系统。因此,扩频通信系统的传输信号带宽是由特定的扩频函数决定的,并且传输信号带宽远远大于被传输的原始信息信号的带宽。

扩频通信的基本理论依据来自香农(C. E. Shannon)的有噪信道编码定理,即

$$C = B \log_2\left(1 + \frac{S}{N}\right) \tag{1-1}$$

式中:C 为信道容量;B 为信道带宽;S/N 为信噪比(dB)。

香农定理表明了一个信道无差错传输信息的能力同存在于信道中的信噪比以及用于传输信息的信道带宽之间的关系。从式(1-1)可以看出,在增加了信道带宽后,在低信噪比情况下信道仍然可以在相同的容量下传送信息,甚至在传输信号被噪声淹没的情况下,只要相应地增加信号的带宽,也能保证通信的可靠。

扩频通信系统正是利用这一特点,采用高速率的扩频码扩展待传输信息信号带宽,来降低传输信号的信噪比,从而提高系统的隐蔽性,达到抗干扰的目的。也正是因为扩频系统的隐蔽性和抗干扰性能,使得扩频系统最早被应用于军事领域,随着半个多世纪以来扩频理论及大规模集成电路的发展,扩频通信系统已经被广泛应用于军事通信、空间探测、卫星导航等领域。

相比其他数字通信方式,扩频系统射频段的工作原理是类似的,其主要区别在于基带部分增加了扩频调制,因而扩频通信技术的关键也主要集中在扩频信号的同步接收及信道抗干扰上。因此,本书讨论的重点也集中在信号的捕获、跟踪及抗干扰处理等关键技术。

1.2 直接序列扩频系统模型

根据扩频信号频谱展宽的方式,扩频系统可以分为以下几种扩频方式:直接序列扩频(Direct Sequence Spread Spectrum,DSSS)、跳频(Frequency Hopping Spread Spectrum,FHSS)、跳时(Time Hopping Spread Spectrum,THSS)、线性调频。除此之外,还包括这些扩频方式的组合方式,如 FH/DS、TH/DS、FH/TH 等。下面介绍直接序列扩频系统模型。

直接序列调制扩展频谱通信系统,简称直接序列系统或直扩系统,是用信息信号与高传输速率的伪噪声(伪随机)码的波形相乘后,去直接控制载波信号的某个参量,来扩展传输信号的带宽的。用于频谱扩展的伪随机序列称为扩频码序列。直接序列扩频系统模型如图 1 - 1 所示。

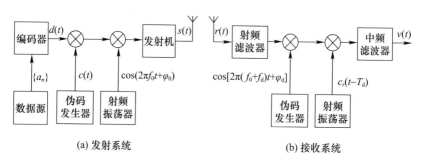

图 1 - 1 直接序列扩频系统模型

在直接序列系统中,通常对载波进行相移键控(PSK)调制。由于 PSK 信号可以等效为抑制载波的调幅波,因此直接序列系统采用平衡调制方式。抑制载波的平衡调制不仅节约了发射功率,提

2

高了发射机的工作效率,而且有利于提高扩频系统抗截获、抗侦破的能力。

对图 1 – 1(a)所示的发射系统,假设系统调制方式为二相相移键控(BPSK),则发射机的输出信号可表示为

$$s(t) = Ad(t)c(t)\cos(2\pi f_0 t + \varphi_0 t) \qquad (1-2)$$

式中:f_0 为载波的中心频率;A 为信号振幅;φ_0 为载波初始相位;$d(t)$ 为数据流 $\{a_n\}$ 经编码后的数字信号波形;$c(t)$ 为扩频码信号。$d(t)$ 和 $c(t)$ 都是二元码序列。

扩频系统中,$d(t)$ 和 $c(t)$ 通常是相互独立的,且 $d(t)$ 的码元宽度 T_b 是 $c(t)$ 码元宽度 T_c 整数倍。在传播过程中,传输信号受到各种干扰信号和噪声的影响,从而产生随机时延 T_d、多普勒频移 f_d 和随机相移 φ_d。

在不考虑传输过程中信号幅度衰减的情况下,进入图 1 – 1(b)接收端的信号经射频滤波后,可以表示为

$$r(t) = s(t - T_d) + N(t) + S_j(t)$$
$$= Ad(t - T_d)c(t - T_d)\cos[2\pi(f_0 + f_d) + \varphi_d] + N(t) + S'_j(t)$$
$$(1-3)$$

式中:$S'_j(t)$ 表示延迟 T_d 后的干扰信号。

接收端和信号必须同步是系统能够正常工作的前提。捕获回路的工作原理是通过在时域和频域内搜索来获得时间(有时是相位)的同步信息。当完成信号捕获后,只要跟踪系统保证对同步的保持,所需信号就可以进行数据解调和解码。解调过程和解码过程都需要时间信息,解调过程还需要相位和频率信息。

在发射端,待传输的数据信号与伪随机码(扩频码)波形相乘,形成的复合码对载波进行调制,然后由天线发送出去。在接收端,要产生一个与发射机中的伪随机码同步的本地参考伪随机码(本地扩频码),对接收信号进行相关处理,即对扩频信号解扩。解扩后的信号送到解调器进行信息信号的解调,恢复出传送的信号。

1.3 扩频系统的特性

1.3.1 扩频系统的处理增益

通常用处理增益 G_p 的概念来衡量扩频通信系统抗干扰能力的优劣。处理增益定义为接收机解扩器（相关器）的输出信号噪声比（SNR_{out}）与接收机的输入信号噪声功率比（SNR_{in}）的比值，即

$$G_p = \frac{\text{SNR}_{\text{out}}}{\text{SNR}_{\text{in}}} \qquad (1-4)$$

处理增益用于表示经过扩频接收机处理后，使信号增强的同时抑制输入到接收机干扰信号能力的大小。处理增益 G_p 越大，系统的抗干扰能力越强。

对于直接扩频通信系统，其接收机的处理增益与扩频信号带宽 B_{ss} 成正比，与信息信号的带宽 B_b 成反比。令信息信号的传输速率为 R_b，扩频码速率为 R_c，则系统的扩频处理增益 G_p 为

$$G_p = \frac{B_{ss}}{B_b} = \frac{R_c}{R_b} \qquad (1-5)$$

在直扩系统中，通常一个信息码上调制一个周期的扩频码，设一个扩频码周期内有 N 个码片，则码片速率为信息码速率的 N 倍，扩频处理增益 G_p 为

$$G_p = N \qquad (1-6)$$

1.3.2 扩频信号的自相关性

正是作为扩频的序列具有良好自相关性这一特点，才使得扩频通信系统可以通过相关检测技术来区分不同的扩频信号。

一个序列的自相关函数是一周期函数，具有良好自相关性的序列必须具有尖锐的自相关函数，且互相关函数值接近于 0 值或噪声值。图 1-2 为扩频系统经常使用的一种序列——扩频码（Gold 码）序列的

4

相关函数图,其中表明了这种扩频码良好的自相关特性。

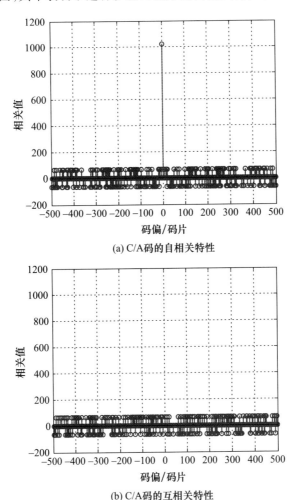

(a) C/A码的自相关特性

(b) C/A码的互相关特性

图 1-2 扩频码(Gold码)的相关特性

图 1-3 给出了 Gold 码在存在频率偏移(简称"频偏")和码相位偏移(简称"码偏")情况下的相关特性图。图 1-3 表明当扩频信号存在多普勒频移和时延时,扩频码的自相关特性会受到影响,因此扩频信号同步需要同时考虑频偏和码偏的影响,后面章节将详细讲解。

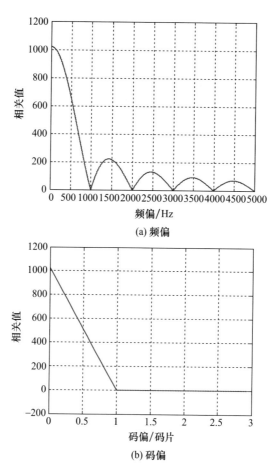

(a) 频偏

(b) 码偏

图 1-3 C/A 码自相关特性与频偏和码偏的关系

1.3.3 抗干扰性能

扩频系统中的干扰既包括军用系统中的有意干扰,也包括商用系统中的无意干扰。在直接序列扩频的码分多址系统中,除了需要的扩频信号,其他扩频信号与所需信号产生互扰时都扮演类似噪声的角色。扩频系统设计时需要考虑的一个重要因素是扩频带宽和数据带宽的比值。这个比值越大,其抗窄带干扰的性能越好。典型系统利用伪随机码通过相位调制或者频率调制扩展频带,系统占用的带宽远远超过发送数据所需要的带宽。

受传输信道的影响,在信号传输过程中有干扰信号加入,这些干扰信号包括其他信息信号、脉冲干扰、窄带干扰和宽带干扰等。宽带意味着和扩频信号的带宽相当,窄带意味着比扩频信号带宽小。其他形式的干扰也会出现,码分多址系统中所有的同频带信号和所接收信号之间产生可控的类噪声干扰。解扩过程衰减信号,但同时将窄带干扰变为数据宽带干扰而降低解调器的性能。将干扰信号进行频谱扩展可在接收端带来处理增益,从而能够抗窄带干扰。

1. 抗多径干扰能力

无线电波在传播的过程中,除了直接到达接收天线的直射信号外,还会有各种反射体(如大气对流层、建筑物、高山、树木、水面、地面)等引起的反射和折射信号被接收天线接收。反射和折射信号的传播时间比直射信号长,它对直射信号产生的干扰称为多径干扰。多径干扰会造成通信系统的严重衰落甚至无法工作。

由扩频序列的自相关函数的特性可知,当两个接收信号序列相对时间超过码元宽度时,相关器输出只为码长的倒数,故被很大程度地抑制掉。直序扩频技术还有一种更先进的接收技术,称为 RAKE 接收技术,它可以实现多径分集接收,即将各种路径来的信号,包括直射、折射、反射、绕射信号解扩后在相位上根据峰值校齐并进行叠加,使信号强度更高,不仅避免了多径干扰还增强了接收信号强度。但是,RAKE接收技术的实现比较复杂且昂贵。

2. 抗截获能力

理论分析表明,信号的检测概率与信号能量与噪声功率谱密度之比成正比,与信号的频带宽度成反比。直扩信号正好具有这两方面的优势,它的功率谱密度很低,单位时间内的能量就很小,同时它的频带很宽。因此,它具有很强的抗截获性。简单来说,由于信息信号经过扩频调制后频谱被大大扩展,使信号的功率谱密度大大降低,接收端接收到的信号谱密度比接收机噪声低,即信号完全淹没在噪声中,这样对其他同频段电台的接收不会形成干扰,信号也就不容易被发现,进一步检测出信号就更难,所以具有非常高的隐蔽性,非常适合保密通信,特别适合应用于军事通信领域。

1.3.4 寻址性能

扩频码具有的良好的自相关性,当接收机指定了特定的扩频码后,该接收机就只能与使用相同扩频码的发射机进行通信,因此可采用码分多址(CDMA)的方式来组成多址通信网。多址通信网内所有发射机均采用唯一的扩频码与对应的接收机进行通信,这样同一个通信网中用户可以共用同样的频率工作。

在码分多址直接序列扩频系统中,系统的寻址能力与扩频处理增益 G_p 成正比,即系统内可用的用户数量随着系统扩频处理增益的增大而增加。

第 2 章　扩频系统中的伪随机码

2.1　伪随机码的基本概念

伪随机码(Pseudo Random Code)又称为伪噪声码(Pseudo Noise Code),简称 PN 码。伪噪声是指伪随机码的频谱特性类似于白噪声。白噪声是一种随机过程,它的瞬时值服从正态分布,功率谱在很宽的频带内都是均匀的,并且白噪声具有优良的自相关特性。扩频通信系统正是利用伪随机码具有类似于带限白噪声统计特性的特点,选择伪随机码作为系统的扩频码。

伪随机码通常都是周期码,可以在工程中人为地产生与复制。由于这种码具有类似白噪声的相关特性,其相关函数非常尖锐,功率谱占据很宽的频带,因此易于从其他信号和干扰中检测和分离出来,具有优良的隐蔽性和抗干扰特性。

在工程应用中,伪随机码通常用二元域 $\{0,1\}$ 内的 0 元素和 1 元素的序列来表示。关于二元域 $\{0,1\}$ 的解释,由于涉及有限域理论,这里不做详细解释,仅给出二元域的加法和乘法表,如表 2-1 所列。

表 2-1　二元域的加法和乘法表

+	0	1
0	0	1
1	1	0

×	0	1
0	0	0
1	0	1

伪随机码具有如下特点:

(1)在每一个周期内,0 元素和 1 元素出现的次数几乎相等,只差一次。

(2)在每一个周期内,长度为 k 的元素游程出现的次数比长度为 $k+1$ 的元素游程出现的次数多一倍(连续出现的 r 个同种元素称为长

9

度为 r 的元素游程）。简言之,就是连续出现 k 个 0 或 1 的次数比连续出现 $k+1$ 个 0 或 1 的次数多一倍。

（3）序列的自相关函数是一周期函数,且具有双值特性,满足

$$R(\tau) = \begin{cases} 1 & \tau = mN \\ -\dfrac{k}{N} & \tau \neq mN \end{cases} \qquad m = 0, \pm 1, \pm 2, \cdots$$

式中: N 为二元序列的码长,即一个周期的长度; k 为小于 N 的整数,为码元延时。

作为扩频通信中扩频码的伪随机信号,还应具有如下特点:

（1）必须具有尖锐的自相关函数,且互相关函数值接近于 0 值;

（2）有足够长的码周期,以满足抗破解和抗干扰的要求;

（3）码的数量足够多,用来作为不同的地址,满足码分多址的要求;

（4）工程上易于产生、复制、控制等。

工程中伪随机码通常由二进制移位寄存器产生。

2.2 移位寄存序列发生器

2.2.1 移位寄存序列

二进制移位序列中的元素只有两个取值 0 或 1。图 2 - 1 描绘了一个二进制序列及其对应的波形。由此可见,二进制序列中的两个取值分别对应于电信号的两个电平（正电平和负电平）,而且是一一对应。

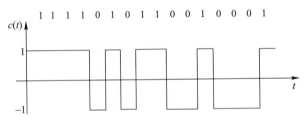

图 2 - 1　二进制序列及其波形

移位寄存序列输出值为 0 和 1 的序列。时序波形是由连续时间信号依照下列规则组成的序列。序列中一个二进制 1 在波形图中映射为 -1，二进制的 0 映射为 1。时序波形每隔时间段 T_c 就可能发生一次变化，这里 T_c 为码片持续时间，也称为码片宽度。

移位寄存序列发生器如图 2-2 所示。它主要由移位寄存器和反馈函数构成。移位寄存器内容为 $f(x_1, x_2, \cdots, x_n)$ 或 1，反馈函数的输入端通过系数与移位寄存器的各级状态相联（$c_i = 0$ 表示断；$c_i = 1$ 表示通），反馈函数的输出通过反馈线作为 x_1 的输入。移位寄存器在时钟的作用下把反馈函数的输出存入 x_1，在下一个时钟周期又把新的反馈函数的输出存入 x_1，而把原 x_1 的内容移入 x_2，依此循环下去，从而 x_n 不断输出。

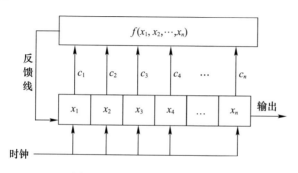

图 2-2　移位寄存序列发生器

考虑一个简单的移位寄存序列发生器（SSRG）的操作，如图 2-3(a) 所示。其中：$n = 4$；$f(x_1, x_2, x_3, x_4) = x_1 \oplus x_3 \oplus x_4$。经分析可知图 2-3 中的寄存器共 16 个不同状态，如图 2-3(b) 所示，其中：1111,0000 为死态；其余状态形成了几个不同周期性的序列。

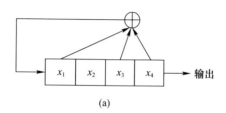

(a)

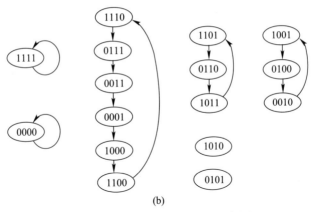

(b)

图 2 – 3　移位寄存序列发生器的例子

再考虑另外一个例子, $n = 4$, $f(x_1, x_2, x_3, x_4) = x_1 \oplus x_4$, 即 $c_1 = 1$, $c_2 = 0$, $c_3 = 0$, $c_4 = 1$, 如图 2 – 4(a) 所示。设初态为 $x_1 = 1$, $x_2 = 1$, $x_3 = 1$, $x_4 = 1$, 则移位寄存器状态转移如图 2 – 4(b) 所示。

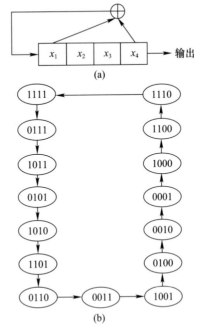

(b)

图 2 – 4　另一个移位寄存序列发生器的例子

12

可以看出图 2 - 4 中的寄存器状态也是 16 个,其中 0000 为死态,其余 15 个状态构成以 15 为周期的循环,每个状态在一个周期内只出现 1 次。同时,对除 0 状态以外的任一初态,状态转移路径均相同,所经历的状态数均为 $2^n - 1$(n 为寄存器长度),即把除全 0 以外的状态全部穷尽。这样的移位寄存序列称为最大长度线性反馈移位寄存器序列(简称 m 序列)。

2.2.2　特征方程与特征多项式

本书尽量避开繁琐的数学知识,用例子来说明特征方程和特征多项式。考虑图 2 - 5 所示的一个简单的移位寄存器。

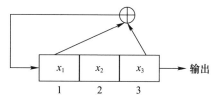

图 2 - 5　一个简单移位寄存器

图 2 - 5 中的移位寄存器经过一次移位后,其输出为

$$\begin{cases} x_1(j+1) = x_1(j) + x_3(j) \\ x_2(j+1) = x_1(j) \\ x_3(j+1) = x_2(j) \end{cases} \quad (2-1)$$

可以看出,移位寄存器的任意次输出可以用矩阵 A 和向量 $X(j)$ 表示,即

$$A = \begin{bmatrix} 1 & 0 & 1 \\ 1 & 0 & 0 \\ 0 & 1 & 0 \end{bmatrix} \quad X(j) = \begin{bmatrix} x_1(j) \\ x_2(j) \\ x_3(j) \end{bmatrix}$$

对于任意 $n \times n$ 矩阵 A,其特征方程由计算矩阵 $[A - \lambda I]$ 的行列式构造

13

（I 为 $n \times n$ 单位矩阵，λ 为参数），即

$$F(\lambda) = \left| A - \lambda I \right| \tag{2-2}$$

对于抽头系数为 c_i 的移位寄存器，考虑矩阵 A，即

$$A = \begin{bmatrix} c_1 & c_2 & c_3 & 1 \\ 1 & 0 & 1 & 0 \\ 1 & 0 & 0 & 0 \\ 0 & 1 & 0 & 0 \end{bmatrix} \tag{2-3}$$

其特征方程为

$$F(\lambda) = \left| A - \lambda I \right| = \begin{bmatrix} c_1 - \lambda & c_2 & c_3 & 1 \\ 1 & -\lambda & 0 & 0 \\ 1 & 0 & -\lambda & 0 \\ 0 & 1 & 0 & -\lambda \end{bmatrix} \tag{2-4}$$

沿第一行子式展开，可得

$$F(\lambda) = \lambda^4 + c_1 \lambda^3 + c_2 \lambda^2 + c_3 \lambda + 1 \tag{2-5}$$

推广到一般情况下任意 $n \times n$ 矩阵 A，可得特征方程为

$$F(\lambda) = \lambda^n + c_1 \lambda^{n-1} + \cdots + c_{n-1} \lambda + 1 = \sum_{k=0}^{n} c_k \lambda^{n-k} \quad c_0 = c_n = 1 \tag{2-6}$$

由此，一个给定生成结构的简单移位寄存器可以由式（2-7）直接写出特征方程。

特征多项式定义为

$$f(\lambda) = \sum_{k=0}^{n} c_k \lambda^k, \quad c_0 = c_n = 1 \tag{2-7}$$

每一条连线对应 $c_k = 1$，无连线的对应 $c_k = 0$。

14

2.2.3 生成函数

生成函数是分析序列输出的有力工具。将移位寄存器的一个输出序列表示为

$$\{a_n\} = a_0, a_1, a_2, \cdots, a_n, \cdots$$

则输出序列的生成函数为

$$G(x) = \sum_{k=0}^{\infty} a_k x^k \qquad (2-8)$$

设移位寄存器序列的初始条件为 $g(x)$，可以得到生成函数与特征多项式的关系为

$$G(x) = \frac{g(x)}{f(x)} \qquad (2-9)$$

因此，根据不同的 $g(x)$，可以通过长除法得到序列的输出。

仍考虑图 2-5 的例子，设初始条件为 $g(x) = 1$，对 $f(x)$ 长除，其中，除得的商为 $1 + x + x^2 + x^4 + x^7 + x^8$，对应的输出序列为 $\{1,1,1,0,1,0,0,1,1\}$。

2.3 常用的伪随机码

2.3.1 m 序列码

m 序列是最长线性移位寄存器序列,是由移位寄存器加反馈后形成的。其结构如图 2 - 2 所示。

由 2.2.1 节可知,对于 n 级寄存器来说,不是任意的反馈都能产生周期为 $2^n - 1$ 的 m 序列。一个线性反馈移位寄存器能否产生 m 序列,取决于它的电路反馈系数 c_k,也就是它的递归关系。不同的反馈系数,产生不同的移位寄存器序列。表 2 - 2 列出了不同级数($n \leqslant 7$)的最长线性移位寄存器的反馈系数。表中的反馈系数的数字为八进制数。以 $n = 7$,反馈系数 203 为例,将反馈系数转换为二进制数,并与移位寄存器相对应,可得

$$c_7 \quad c_6 \quad c_5 \quad c_4 \quad c_3 \quad c_2 \quad c_1 \quad c_0$$
$$1 \quad 0 \quad 0 \quad 0 \quad 0 \quad 0 \quad 1 \quad 1$$

根据系数 c_k,得到其对应的特征多项式为

$$f(x) = x^7 + x + 1 \tag{2-10}$$

表 2 - 2　m 序列的反馈系数

级数 n	长度 N	反馈系数
3	7	13
4	15	23
5	31	45,67,75
6	63	103,147,155
7	127	203,211,217,235,277,313,325,345,367

作为扩频系统中重要的地址码,m 序列具有以下主要性质:

(1) 均衡性。在 m 序列的一个周期内,1 和 0 的数目基本相等。1 的个数比 0 的个数多 1 个。

(2) 游程分布。把一个序列中取值相同的那些相继元素合称一个游程。在一个游程中,元素的个数称为游程长度。在 m 序列中,游程

数为 $2^n - 1$ 个,其中:长度为 1 的游程占游程总数的 1/2;长度为 2 的游程占游程总数的 1/4;长度为 3 的占 1/8;依此类推,长度为 k 的游程数占游程总数的 $2^{-k}(1 \leqslant k \leqslant n - 2)$。

（3）移位相加性。序列 $\{a_n\}$ 与经过 m 次迟延移位产生的另一个序列 $\{a_n + m\}$ 模 2 加,得到的仍然是的某次迟延移位序列 $\{a_n + k\}$,即 $\{a_n\} + \{a_n + m\} = \{a_n + k\}$。

（4）周期性。m 序列的周期为 $N = 2^n - 1$,n 为反馈移位寄存器的级数。

（5）伪随机性。m 序列具有类似白噪声的随机特性,通常认为 m 序列属于伪随机序列。

（6）良好的相关特性。m 序列波形的连续相关函数可表示为

$$R(\tau) = \begin{cases} 1 - \dfrac{N+1}{NT_c}|\tau| & |\tau| \leqslant T_c \\ -\dfrac{1}{N} & |\tau| > T_c \end{cases} \qquad (2-11)$$

其波形如图 2 - 6 所示。可以看出,当周期 NT_c 很长及码元宽度 T_c 很小时,$R(\tau)$ 近似于冲击函数 $\delta(\tau)$ 的形状。

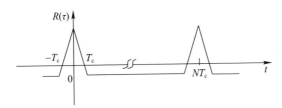

图 2 - 6 m 序列的自相关函数

2.3.2 Gold 码

m 序列具有伪随机码的随机性好、周期长,不易被敌方检测等特点,但 m 序列的条数相对较少。在扩频系统中,还要求可以利用的伪随机序列数目足够多,以用于多用户的码分多址组网。

Gold 码是 R. Gold 于 1967 年提出的,它是 m 序列的组合码,是由两个周期和速率均相同但码字不同的 m 序列进行模二加后得到的。

Gold 码继承了 m 序列的许多优点,并且可用的码数目又远大于 m 序列,因此常被选作扩频系统的地址码。

Gold 码的产生结构简单,易于工程实现。其构成原理如图 2－7 所示。

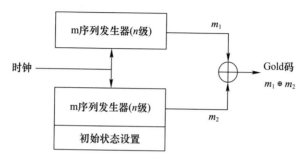

图 2－7　Gold 码发生器构成原理

两个 m 序列发生器的级数相同,即 $n_1 = n_2 = n$。如果两个 m 序列相对相移不同,所得到的是不同的 Gold 码序列。对 n 级 m 序列,共有 $2^n - 1$ 个不同相位,所以通过模二加后可得到 $2^n - 1$ 个 Gold 码序列,这些码序列的周期均为 $2^n - 1$。

Gold 码的性质如下:

(1) $2^n - 1$ 个 Gold 码与产生该 Gold 码的两个 m 序列一起构成由 $2^n + 1$ 个不同码序列组成的 Gold 码家族,周期均为 $2^n - 1$。

(2) 在一个 Gold 码家族中,Gold 码序列的自相关旁瓣及任两个码序列之间的互相关值都不超过该家族中的两个 m 序列的互相关值,即

$$|R(k)| \leqslant \begin{cases} 2^{(n+1)/2} + 1 & n \text{ 为奇数} \\ 2^{(n+2)/2} + 1 & n \text{ 为偶数,但 } n \neq 0 \text{ 且不能被 4 整除} \end{cases}$$

由于 Gold 码的相关特性,使得码族中任一码都可以作为扩频系统的地址码,这样就大大超过了用 m 序列作地址码的数量,因此 Gold 序列在扩频系统中得到了广泛应用。

2.3.3　Kasami 序列

Kasami 序列是 1966 年在评估线性循环码的权重过程中发现的。

有两种类型的 Kasami 序列:Kasami 序列的小码集和 Kasami 序列的大码集。考虑到 Kasami 序列小码集已经被用于某导航系统的地址码,这里主要讨论小码集的产生过程。

令 n 为偶数,序列 a 是一个周期为 2^n-1 的 m 序列,特征多项式为 $f_1(x)$。对序列 a 按如下方式抽取得到第二个序列 b,即

$$b = a[s(n)] = a[2^{n/2}+1] \tag{2-12}$$

序列 b 的周期为 $2^{n/2}-1$,特征多项式为 $f_2(x)$。Kasami 码的生成多项式为 $f_1(x)f_2(x)$。该码集的规模为 $2^{n/2}$。在对码数量要求不高的设计中,小码集 Kasami 序列可以代替 Gold 码。

2.3.4 Barker 序列

当 $r \neq 0$ 时,一个序列达到最小非周期相关值,这个序列称为 Barker 序列。Barker 序列主要用在数据流的同步上,如帧同步。Barker 序列的特征是它的非周期互相关函数满足

$$|R(r)| \leqslant 1, \ r \neq 0$$

也就是说,码序列移位 1 或者更多($|r| \geqslant 1$)时,序列的自相关函数值会因为同步丢失而不大于 1。目前已知的 Barker 序列长度为 1,2,3,4,5,7,11,13,更长的 Barker 序列还有待发现。值得注意的是 Barker 序列的倒序列和逆序列也是 Barker 序列。

已知的 Barker 序列如表 2-3 所列。

表 2-3 长度 1~13 的 Barker 序列

序列长	Barker 序列
1	1
2	1,1 或 1,-1
3	1,1,-1
4	1,1,1,-1 或 1,1,-1,1
5	1,1,1,-1,1
7	1,1,1,-1,-1,1,-1
11	1,1,1,-1,-1,-1,1,-1,-1,1,-1
13	1,1,1,1,1,-1,-1,1,1,-1,1,-1,1

2.3.5　Neuman – Hofman(N – H)序列

在许多扩频系统中,需要使用更大的序列来改进正确检测同步字的性能,Neuman 和 Hofman 利用大规模的计算机搜索确定了长度达到 24 的非周期同步序列,称为 Neuman – Hofman(N – H)序列。在全球卫星导航系统的民码信号上,每个导航信息码上就调制了一个低速率的 N – H 码。N – H 码具有类似 Barker 码的特性,即只有当完全同步时其相关值最大,其他的相关值较小。

采用 N – H 码进行二次编码后性能通常有以下改进:

(1)采用二次编码后,信号功率谱谱线间隔缩小,窄带干扰的影响相应减少,提高了窄带干扰检测水平;若不采用二次编码,当信息电文为连 0 或连 1 时,将无法成功进行位同步。采用二次编码后,一个信息位之内,也有丰富的位变化,与调制的数据信息码解耦,位同步将变得稳健可靠。

(2)采用 N – H 码二次编码之后,增加了码的随机性,同一频点信号的互相关和自相关性能得到了一定的改善。

2.4　伪随机码的仿真与实现

2.4.1　伪随机码生成结构

全球定位系统(GPS)、北斗导航系统等以 Gold 码作为系统的伪随机扩频码,本节以 GPS 的 C/A 码为例来说明伪随机码的产生。GPS 信号包括 C/A 码和 P(Y)两种伪随机码,其中 C/A 码是公开的民用码,P(Y)码是加密码。本书分别采用 MATLAB 和硬件描述语言 VHDL 来实现 C/A 码的产生。

GPS 的 C/A 码是周期为 1023(即 $2^{10}-1$)个码片的 Gold 码,即一个 C/A 码的长度为 1023 个码片(chip),而其码率为 1.023Mchip/s。为了产生 C/A 码,每颗卫星在其内部的电路上有两个 10 级反馈移位寄存器,并由此首先产生一对码率为 1.023Mchip/s,周期长为 1023 码片的 m 序列 G_1 和 G_2,这两个 10 级 m 序列的特征多项式为

$$G_1(x) = 1 + x^3 + x^{10} \qquad (2-13)$$

$$G_2(x) = 1 + x^2 + x^3 + x^6 + x^8 + x^9 + x^{10} \qquad (2-14)$$

C/A 码发生器的结构示意图如图 2-8 所示。对每个 GPS 卫星来说，其 C/A 码是由 G_1 直接输出序列和经时延的 G_2 输出序列相异或的结果。G_2 码钟的等效时延效果是由选择两个抽头的位置异或得到的，其输出称为 G_{21}。伪随机序列与其自身的移位序列相加，结果仍是个伪随机序列。

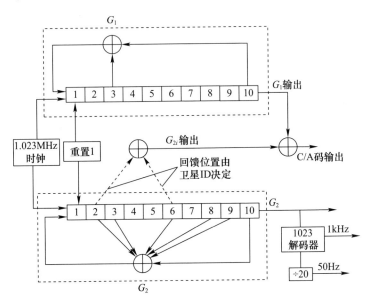

图 2-8　GPS C/A 码生成结构

2.4.2　仿真与实现

1. MATLAB 仿真

根据每个卫星的抽头组合，确定 G_2 序列的相移大小，作为一个查找数组 $g_{2}s$。PRN 为要产生 C/A 码的卫星号。然后，分别产生 g_1 和 g_2 序列。将 g_1 与 g_2 的移位序列进行异或，即得到相应卫星的 C/A 码。

GPS C/A 码产生的 MATLAB 代码如下：

21

```
    g2shift = g2s(PRN);
% generate G1 code
    g1 = zeros(1,1023);
  reg = -1 * ones(1,10);
  for i = 1:1023
      g1(i)      = reg(10);
      savebit    = reg(3) * reg(10);
      reg(2:10) = reg(1:9);
      reg(1)     = savebit;
  end
% Generate G2
    g2 = zeros(1,1023);
  reg = -1 * ones(1,10);
  for i = 1:1023
      g2(i)      = reg(10);
      savebit    = reg(2) * reg(3) * reg(6) * reg(8) * reg(9) * reg(10);
      reg(2:10) = reg(1:9);
      reg(1)     = savebit;
  end
  g2 = [g2(1023 - g2shift + 1:1023), g2(1:1023 - g2shift)];
  CAcode = -(g1 .* g2);
```

图 2-9 画出了对应于 GPS 卫星号为 1 的 C/A 码(前 20 个码片)。

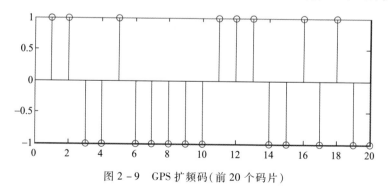

图 2-9　GPS 扩频码(前 20 个码片)

2. VHDL 实现

以下给出了 GPS C/A 码产生的 VHDL 示例。

```
g2shift 为不同卫星号对应的不同相移值

process( clk )
begin
    if( clk ' event and clk = '1' ) then
        if( pre_dump = '1' ) then
            shift_g2  < = phase_ctrl;
            shift_g1  < = INITIAL_PHASE_G1;
        elsif( cnt_clock1x = 0 ) then
            shift_g1( 9 downto 1 ) < = shift_g1( 8 downto 0 );
            shift_g2( 9 downto 1 ) < = shift_g2( 8 downto 0 );
            shift_g1( 0 ) < = shift_g1( 2 ) XOR shift_g1( 9 );
            shift_g2( 0 ) < = shift_g2( 1 ) XOR shift_g2( 2 ) XOR shift_g2( 5 ) XOR
                              shift_g2( 7 ) XOR shift_g2( 8 ) XOR shift_g2( 9 );
        end if;
    end if;
    ca_code  < = shift_g2( 9 ) xor shift_g1( 9 );
end process;
```

第3章　扩频信号的产生

3.1　直接序列扩频通信系统

3.1.1　直接扩频信号产生流程

直接序列扩频通信与一般的通信系统相比,主要是在发射端增加了扩频调制,在接收端增加了扩频解扩的过程。对应于直扩信号的产生,主要在于对信息码进行了扩频调制。扩频调制是用比信息比特率高许多的伪随机序列与信息码序列进行模2加,然后得到的复合序列再去调制载波。直接扩频信号的产生框图如图3-1所示。

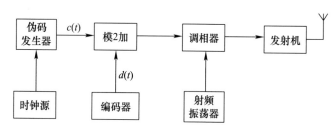

图 3-1　直扩信号的产生框图

由图3-1可以看出,直接序列扩频信号的产生过程,首先是将待传输的信息进行编码,然后将编码后的信息信号调制在扩频码序列中,再通过对载波的调制来送入发射机中进行传输。下面以常用的抑制载波的双边带平衡调制为例,来说明直扩信号的数学模型。

设载波信号为 $A\cos(2\pi f_0 t)$,调制信号为 $m(t)$,则抑制载波的双边带平衡调制波为

$$f(t) = Am(t)\cos(2\pi f_0 t)$$

式中:A 为载波幅度;f_0 为载波频率。

对于相位调制信号,调相波可以表示为

$$f(t) = A\cos\left[2\pi f_0 t + k_p m(t)\right] \qquad (3-1)$$

式中: $k_p m(t)$ 为调相波的相位偏移,其中 k_p 为比例常数,也称为调制常数。 $k_p m(t)$ 的最大值称为调制指数,对应于载波的最大相位偏移。在二进制 PSK 调制中,调制信号 $m(t)$ 是二进制码序列,若 $m(t)$ 取 0 时相移 $k_p m(t) = \pi \times 0 = 0$, $m(t)$ 取 1 时相移 $k_p m(t) = \pi \times 1 = \pi$,则有

$$f(t) = \begin{cases} + A\cos(2\pi f_0 t) & m(t) = 0 \\ - A\cos(2\pi f_0 t) & m(t) = 1 \end{cases} \qquad (3-2)$$

很明显,这样一个调制信号等效为一个只取 ±1 的二值波形函数对载波进行抑制载波的双边带振幅调制信号,也就是平衡调制信号。对于直接序列扩频调制而言,调制信号为扩频码 $c(t)$,令 $c(t)$ 的取值为 ±1 时,式(3-2)中的调相信号变为

$$f(t) = Ac(t)\cos(2\pi f_0 t) \quad c(t) = \begin{cases} 1 \\ -1 \end{cases} \qquad (3-3)$$

实际上,这个公式就是直接序列扩频调制产生的 2PSK 信号的表达式。只要 $c(t)$ 本身不含有直流分量,平衡调制就抑制了载波。对于这种信号,接收端为了从收到的已调波中恢复出调制信号,必须要准确地恢复载波分量。此外,载波频率还必须远远高于调制信号中有用信号的最高频率,否则将会出现频谱的交叠,产生折叠噪声,使传输信号的质量下降。

3.1.2 信号混频

信号混频通常包括信号的上变频和下变频。在扩频接收机中,信号混频过程就是信号的相关解扩过程,所以用来作为混频的接收端本地参考信号不再是频率单一的正弦波,而是一个受本地参考扩频码 $c_r(t)$ 调制的已调信号。这样扩频接收机中的混频就是两个已调信号的混频。

设参与混频的两个信号分别是

$$s(t) = Ad(t)c(t)\cos(2\pi f_0 t + \phi_0) \qquad (3-4)$$

$$r(t) = A_2 c(t-\tau) \cos(2\pi f_r t + \phi_r) \qquad (3-5)$$

混频的过程就是两个信号在时域进行相乘的过程。式(3-4)与式(3-5)表示的两个信号混频后,得

$$
\begin{aligned}
y(t) &= s(t) \cdot r(t) \\
&= A A_r d(t) c(t) c(t-\tau) \cos(2\pi f_0 t + \phi_0) \cos(2\pi f_r t + \phi_r) \\
&= \frac{1}{2} A A_r d(t) c(t) c(t-\tau) \big[\cos(2\pi \Delta f + \Delta\phi) + \\
&\quad \cos(2\pi(f_0 + f_r) + (\phi_0 + \phi_r)) \big]
\end{aligned} \qquad (3-6)
$$

式中:τ 为两个信号之间的扩频码相位偏移。混频相乘得到一个和频项和一个差频项,其中和频项通常可以被后接的低通滤波器滤除,因而只剩下差频项,即

$$y(n) = \frac{1}{2} A_1 A_2 d(t) c(t) c(t-\tau) \cos(2\pi \Delta f t + \Delta\phi) \qquad (3-7)$$

式中:Δf 为中频频率,即发端载波与本地载波的频率差;$\Delta\phi$ 为相位差,即本地载波和发端载波的初相差;$d(t)$ 为传输的信息信号;$c(t)$ 为调制的扩频码;$c(t-\tau)$ 表示两个信号具有相同的扩频码,但码相位偏差为 τ。

当发端与接收端的扩频码波形完全相同,即 $\tau = 0$ 时,有

$$c(t) c(t-\tau) = 1 \qquad (3-8)$$

此时,混频器的输出信号为

$$y(n) = A' d(t) \cos(2\pi \Delta f t + \Delta\phi) \qquad (3-9)$$

式中:A' 为混频后的信号幅度。式(3-9)就是被解扩且含有信息调制的中频带通信号。两个周期相同、码相位同步的调相信号混频的结果,是混频器输出信号中不再包含扩频码 $c(t)$,即扩频信号被解扩了。而由信息信号确定的相移仍保留在中频信号中,混频器的输出仍为调相波。

对直扩信号来说,混频的过程不仅仅是两个输入载波相乘进行外差的过程,还是两个扩频码信号 $c(t)$ 和 $c(t-\tau)$ 相乘的过程。因此,混频的过程不仅是完成信号频谱从射频到中频搬移的过程,也是信号频

带压缩即扩频信号解扩的过程。

3.1.3 频率合成器

频率合成器是将一个高精确度和高稳定度的标准参考频率,经过混频、倍频与分频等对它进行加、减、乘、除的四则运算,最终产生大量的具有同样精度和稳定度的频率源。现代电子技术中常常要求高精度的频率,一般都用晶体振荡器。但是,晶体振荡器的频率是单一的,只能在极小的范围内微调。然而,许多无线电设备都要求在一个很宽的范围内提供大量稳定的频率点,每个频率点都要求具有与晶体振荡器相同的频率准确度和稳定度,这就需要采用频率合成技术。

直接数字频率合成器(Direct Digital Frequency Synthesizer,DDS),是一种新型的频率合成技术。它是一种采用数字化技术、通过控制相位的变化速度,直接产生各种不同频率信号的频率合成方法。DDS 具有较高的频率分辨率,可实现快速的频率切换且在频率改变时能够保持相位的连续,很容易实现频率、相位和幅度的数控调制。因此,在现代通信领域,直接数字频率合成器的应用越来越广泛,在数字化的调制解调模块中,DDS 取代了模拟的压控振荡器(VCO)而被大量应用。

现在市场上有许多专用的 DDS 芯片,但由于其控制方式是固定的,缺少灵活性。而利用 FPGA 的高速、高性能及可重构性,可根据需要方便地实现各种比较复杂的调频、调相和调幅功能。

DDS 的基本原理是利用采样定理,通过查表法产生波形,对于正弦信号发生器,其输出的波形可以表示为

$$S_{out} = A\sin\omega t = A\sin(2\pi f_{out}t) \qquad (3-10)$$

式(3-10)的表述对于时间 t 是连续变化的,其中 f_{out} 为输出信号对应的频率。对式(3-10)进行离散化处理,以便能用数字逻辑实现。用基准时钟进行抽样,设正弦信号的相位 $\theta = 2\pi f_{out}t$。在一个时钟周期 T_{clk} 内,相位 θ 的变化量为

$$\Delta\theta = 2\pi f_{out}T_{clk} = \frac{2\pi f_{out}}{f_{clk}} \qquad (3-11)$$

式中:f_{clk} 为时钟的频率。为了对 $\Delta\theta$ 进行数字量化,把 2π 分割成 2^N

份，设每个时钟周期的相位 $\Delta\theta$ 用量化值 $B_{\Delta\theta}$ 来表示，则有

$$B_{\Delta\theta} \approx \frac{\Delta\theta}{2\pi} \cdot 2^N \qquad (3-12)$$

且 $B_{\Delta\theta}$ 为整数，与 $\Delta\theta$ 的表达式联立，可得

$$\frac{B_{\Delta\theta}}{2^N} = \frac{f_{out}}{f_{clk}} \qquad (3-13)$$

$$B_{\Delta\theta} = 2^N \cdot \frac{f_{out}}{f_{clk}} \qquad (3-14)$$

由式（3-14）可知，相位增量量化值 $B_{\Delta\theta}$ 与输出频率 f_{out} 为线性关系。当系统时钟 clk 的频率 f_{clk} 为 2^N 时，$B_{\Delta\theta}$ 就等于 f_{out}。

显然，信号发生器的输出可描述为

$$S_{out} = A\sin(\theta_{K-1} + \Delta\theta) = A\sin\left[\frac{2\pi}{2^N} \cdot (B_{\theta_{K-1}} + B_{\Delta\theta})\right] = A \cdot f_{sin}(B_{\theta_{K-1}} + B_{\Delta\theta})$$

$$(3-15)$$

式中：θ_{K-1} 为前一个时钟周期的相位值。同理，可得

$$B_{\theta_{K-1}} \approx \frac{\theta_{K-1}}{2\pi} \cdot 2^N \qquad (3-16)$$

由上面的推导可知，只要对相位的量化值进行简单的累加运算，就可以得到正弦信号的当前相位值，而用于累加的相位增量量化值 $B_{\Delta\theta}$ 决定了信号的输出频率 f_{out}，并呈简单的线性关系。直接数字频率合成器 DDS 就是根据上述原理而设计的数字控制频率合成器。

图 3-2 为一个基本的 DDS 结构图，它主要由相位累加器、相位调制器、正弦 ROM 查找表、D/A 转换器等组成。

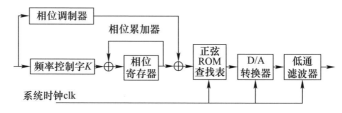

图 3-2　基本 DDS 结构

系统时钟 clk 由一个稳定的晶体振荡器产生,用来同步整个合成器的各组成部分。使用同步寄存器的目的是当输入的频率字改变时不会干扰相位累加器的正常工作。相位累加器是整个 DDS 的核心,它由 N 位加法器和 N 位相位寄存器级联构成,类似一个简单的加法器,完成上面推导中的相位累加功能。每来一个时钟脉冲,加法器就将输入的 N 位频率字与相位寄存器输出的累加相位数据相加,然后将相加后的结果送至相位累加器的输入端,相位寄存器就将在上一个时钟作用后产生的新相位数据反馈到加法器的输入端,以使加法器在下一个时钟的作用下继续将相位数据与输入的频率字相加。当相位累加器累加满量(2π)时,就会产生一次溢出,完成一个周期性的动作,这个周期就是合成信号的一个周期,累加器的溢出频率就是 DDS 的合成信号频率。

相位调制器接受相位累加器的相位输出,并与一个相位偏移值相加,主要用于信号的相位调制,如 PSK(相移键控)等。在不使用时可去掉该部分,或加一个固定的相位字输入。注意相位字输入也要用同步寄存器保持同步,但相位字输入的宽度 M 与频率字输入 N 往往是不相等的,一般 M < N。

正弦 ROM 查找表的作用是完成 $f_{\sin}(B_\theta)$ 的查表转换,或理解为相位到幅度的转换。将相位累加器或相位调制器输出的相位数据作为取样地址,来寻找正弦 ROM 查找表进行相位到幅度的变换,输出不同的幅度编码。在许多需要幅度的场合,可在正弦 ROM 查找表后、D/A 转换前放置一个采用乘法器实现的幅度控制模块,再经 D/A 转换器得到相应的阶梯波,最后经过低通滤波器对阶梯波进行平滑处理,得到由输入的频率字决定的连续变化的输出正弦波。

在通信中为便于进行正交调制和正交解调,往往需要得到一对正交的正弦波。在用 VCO 时,输出一组完全正交的信号较为困难,而对于 DDS 来说,只要在基本 DDS 结构中放两块信号正交的 ROM 查找表即可(如一个放置正弦表,另一个放置余弦表)。

由前面的公式推导可得出基本 DDS 结构的常用参数计算如下:

DDS 的输出频率 $f_{\text{out}} = \left(\dfrac{B_{\Delta\theta}}{2^N}\right) \cdot f_{\text{clk}}$,其中 $B_{\Delta\theta}$ 为频率输入字,其数据位宽度为 N。

DDS 的频率分辨率 $f_{out} = f_{clk}/2^N$。

DDS 可产生任意频率的正弦波信号和任意波形的信号,只要改变 ROM 查找表的数据即可。利用 DDS 子系统还可很容易地设计 PSK 调制器和正交幅度调制(QAM)调制器。用现场可编程门阵列(FPGA)实现 DDS 系统设计,一方面可得到较高的工作频率,另一方面由于 FPGA 具有良好的系统结构可重配置特性,且有功能强大的开发软件和许多软、硬 IP 核,使得设计更灵活,修改更方便,升级更快捷。

3.2 扩频系统中的信息编码

信息的传输信道一般包括调制器、传输媒介和解调器。数据信息在信道中传输时受到干扰,会引起两种形式的差错:一种是随机错误,即数据序列中前后码元之间是否发生错误彼此无关,产生这种错误的信道称为无记忆信道或随机信道,如卫星信道、深空信道等;另一种是突发性错误,即序列中一个错误的出现往往影响其他码元的错误,即错误之间有相关性。设信道输入的发送序列为 00000000…,受干扰后接收序列变为 00100000…,即第三位发生了错误。这个错误的产生相当于信道中有一个差错序列 00100000… 与发送序列逐位模二加,形成错误接收序列,称这个差错序列为信道错误图样。这是随机错误的情况。在突发错误的情况下,若发送序列为 00000000…,而接收序列为 11111000…,则突发错误的长度为 5,等于第一个错误与最后一个错误之间的长度。其信道错误图样为 11111000…,显然信道图样中的 1 表示该位有错,0 表示该位无错。产生突发错误的信道称为有记忆信号或突发信道,如短波、散射、有线等信道。由于实际信道的复杂性,所呈现的错误不是单纯的一种,而是随机与突发的错误并存,因此,在进行信道的编码设计中,必须设计能够检测和纠正随机错误与突发错误的指令码。

3.2.1 信息编码的基本概念

首先,将源信息序列(即二进制数字序列)分成若干信息组,每个信息组由 k 位连续的信息数字组成,共有 2^k 种不同的信息。然后,编码器按照一定的规则把每个消息组变成较长的 n 位($n > k$)二进制数字组,称为码字。所获得的 2^k 个码字的全体,称为码组长度为 n,信息位为 k 的分组码。每个消息所增加的 $n-k$ 个数字称为冗余位,它们不含有任何新的消息,其作用在于使码字在有干扰的信道中传输时能修正传输中产生的错误。把消息数字适当加长使其变成码字的过程称为编码,把接收的码字按一定准则恢复成消息的过程称为译码。

纠错编码的实质在于使传输码字中码元之间具有某种相关性(规律性)。若这一规律性仅局限在每一个码字内,即每一个码字的监督码元仅与该码字的码元序列相关,而与其他码字中的信息码元序列无关,这类码字就称为分组码。

如果采用的规则是使若干个相邻的码字具有一定的相关性,则称这个码为卷积码或连环码。也就是说,本码字所附加的监督位的值,不仅取决于本码字的信息序列,还取决于相邻若干个码字中的信息序列。

若以码的纠错能力分类,有的码仅能发现或检测出错误,不能对错误定位,此类码称为检错码。有的码既能发现错误,也能给错误定位和纠正错误,此类码称为纠错码。而纠错码又分为纠正随机错误的码和纠正突发错误的码。

3.2.2　线性分组码

线性分组码中信息码元和监督码元是用线性方程联系起来的。其主要性质有:

(1)任意两许用码组之和(逐位模 2 加)仍为一许用码组,即线性码具有封闭性;

(2)码的最小距离等于非零码的最小重量。

$$a_0 \oplus a_1 \oplus \cdots \oplus a_{n-1} = 0 \qquad (3-17)$$

奇偶监督码是一种最简单的线性码,式(3-17)表示采用偶校验时的监督关系,称为监督方程式。接收时为了检测传输过程中是否有错误,将式(3-17)的左边再计算一遍,有

$$S = a_{n-1} + a_{n-2} + \cdots + a_0 \qquad (3-18)$$

式中:S 为校验子,又称伴随式。若 $S = 0$ 表示无错误,若 $S = 1$ 则表示

有错误。

奇偶监督码中只有一位监督码元,只能表示有错或无错。

设想监督位增加为两位,则可增加一个监督方程式,接收时按照两个监督方程式可计算出两个校验子 S_1 和 S_2。S_1S_2 共有 4 种组合:00、01、10、11,可以表示 4 种不同的信息。除 00 表示无错外,其余 3 种就可表示 3 种不同的错误图样。一般来说,由 r 个监督方程式计算得到的校验子有 r 位,可以用来指示 2^r-1 种错误图样。对于一位误码来说,就可以指示 2^r-1 个误码位置。对于码组长度为 n,信息码元为 k 位,监督码元为 $r=n-k$ 位的分组码(通常记为 (n,k) 码),如果满足 $2^r-1 \geqslant n$,则有可能构造出纠正一位或一位以上错误的线性码。

接下来通过一个例子来说明如何构造这种线性码。设分组系统码 (n,k) 中 $k=4$,能纠正一位误码,要求 $r \geqslant 3$,现取 $r=3$,则 $n=r+k=7$。用 $a_0a_1a_2a_3a_4a_5a_6$ 表示这 7 个码元,用 S_1、S_2 和 S_3 表示由 3 个监督方程式计算得到的校验子,并假设 $S_1S_2S_3$ 三位校验子码与误码位置的对应关系如表 3-1 所列。

表 3-1　校验子与误码位置对应表

$S_1S_2S_3$	误码位置	$S_1S_2S_3$	误码位置
001	a_0	101	a_4
010	a_1	110	a_5
100	a_2	111	a_6
011	a_3	000	无误码

由表 3-1 可知,当误码位置在 a_2,a_4,a_5,a_6 时,校验子 $S_1=1$,否则 $S_1=0$。因此,有

$$S_1 = a_6 + a_5 + a_4 + a_2 \tag{3-19}$$

当误码位置在 a_1,a_3,a_5,a_6 时,校验子 $S_2=1$,否则 $S_2=0$。因此,有

$$S_2 = a_6 + a_5 + a_3 + a_1 \tag{3-20}$$

同理,有

$$S_3 = a_6 + a_4 + a_3 + a_0 \tag{3-21}$$

在编码时,a_6,a_5,a_4,a_3 为信息码元,取决于发送端传输的信息。

由式(3-19)~式(3-21)可知,监督码元 a_2,a_1,a_0 可根据以下监督方程确定,即

$$\begin{cases} a_6 + a_5 + a_4 + a_2 = 0 \\ a_6 + a_5 + a_3 + a_1 = 0 \\ a_6 + a_4 + a_3 + a_0 = 0 \end{cases} \quad (3-22)$$

即

$$\begin{cases} a_2 = a_6 + a_5 + a_4 \\ a_1 = a_6 + a_5 + a_3 \\ a_0 = a_6 + a_4 + a_3 \end{cases} \quad (3-23)$$

由此得到的 16 个许用码组如表 3-2 所列。

表 3-2　许用码组

信息位	监督位	信息位	监督位
$a_6 a_5 a_4 a_3$	$a_2 a_1 a_0$	$a_6 a_5 a_4 a_3$	$a_2 a_1 a_0$
0000	000	1000	111
0001	011	1001	100
0010	101	1010	010
0011	110	1011	001
0100	110	1100	001
0101	101	1101	010
0100	011	1100	100
0111	000	1111	111

接收端收到每个码组后,计算出 S_1、S_2 和 S_3,如不全为 0,则可按表 3-2 确定误码的位置,然后进行纠正。如接收到码组为 0000011,则可算出 $S_1 S_2 S_3 = 011$,由表 3-2 可知在位置 a_3 上有误码。可以看出,上述(7,4)码的最小码距 $d_{\min} = 3$,它能纠正一个误码或检测出两个误码。

将式(3-22)中所述的 3 个监督方程式重新写为

$$\begin{cases} 1 \cdot a_6 + 1 \cdot a_5 + 1 \cdot a_4 + 0 \cdot a_3 + 1 \cdot a_2 + 0 \cdot a_1 + 0 \cdot a_0 = 0 \\ 1 \cdot a_6 + 1 \cdot a_5 + 0 \cdot a_4 + 1 \cdot a_3 + 0 \cdot a_2 + 1 \cdot a_1 + 0 \cdot a_0 = 0 \\ 1 \cdot a_6 + 0 \cdot a_5 + 1 \cdot a_4 + 1 \cdot a_3 + 0 \cdot a_2 + 0 \cdot a_1 + 1 \cdot a_0 = 0 \end{cases}$$

$$(3-24)$$

然后将这组线性方程用矩阵形式表示为

$$\begin{bmatrix} 1 & 1 & 1 & 0 & 1 & 0 & 0 \\ 1 & 1 & 0 & 1 & 0 & 1 & 0 \\ 1 & 0 & 1 & 1 & 0 & 0 & 1 \end{bmatrix} \begin{bmatrix} a_6 & a_5 & a_4 & a_3 & a_2 & a_1 & a_0 \end{bmatrix}^{\mathrm{T}} = \begin{bmatrix} 0 \\ 0 \\ 0 \end{bmatrix}$$

$$(3-25)$$

记作

$$\boldsymbol{H}\boldsymbol{A}^{\mathrm{T}} = \boldsymbol{O}^{\mathrm{T}}$$

或

$$\boldsymbol{A}\boldsymbol{H}^{\mathrm{T}} = \boldsymbol{O}$$

其中

$$\boldsymbol{H} = \begin{bmatrix} 1 & 1 & 1 & 0 & 1 & 0 & 0 \\ 1 & 1 & 0 & 1 & 0 & 1 & 0 \\ 1 & 0 & 1 & 1 & 0 & 0 & 1 \end{bmatrix}$$

$$\boldsymbol{A} = \begin{bmatrix} a_6 & a_5 & a_4 & a_3 & a_2 & a_1 & a_0 \end{bmatrix}$$

$$\boldsymbol{O} = \begin{bmatrix} 0 & 0 & 0 \end{bmatrix}$$

式中:$\boldsymbol{H}$ 为监督矩阵,信息码元与监督码元之间的校验关系完全由 $\boldsymbol{H}$ 决定。

将式(3-23)改写为

$$\begin{bmatrix} a_2 \\ a_1 \\ a_0 \end{bmatrix} = \begin{bmatrix} 1 & 1 & 1 & 0 & 1 & 0 & 0 \\ 1 & 1 & 0 & 1 & 0 & 1 & 0 \\ 1 & 0 & 1 & 1 & 0 & 0 & 1 \end{bmatrix} \begin{bmatrix} a_6 \\ a_5 \\ a_4 \\ a_3 \end{bmatrix} = \boldsymbol{Q} \begin{bmatrix} a_6 \\ a_5 \\ a_4 \\ a_3 \end{bmatrix} \quad (3-26)$$

式中:$\boldsymbol{Q}$ 称为生成矩阵。已知 $\boldsymbol{Q}$,根据式(3-26)可以由信息码元算出监督码元。

设发送码组为 $\boldsymbol{A}$,接收到的码组为 $\boldsymbol{B} = [b_{n-1}, b_{n-2}, \cdots, b_0]$,由于码组在传输过程中可能发生误码,因此 $\boldsymbol{B} - \boldsymbol{A} = \boldsymbol{E} = [e_{n-1}, e_{n-2}, \cdots, e_0]$ 可能不为 0,即

$$e_i = \begin{cases} 0 & a_i = b_i \\ 1 & a_i \neq b_i \end{cases}$$

若 $e_i = 0$,表示 i 位无错,反之表示 i 位有错。

由此,接收端计算校验子为

$$\boldsymbol{S} = \boldsymbol{B}\boldsymbol{H}^{\mathrm{T}} = (\boldsymbol{A} + \boldsymbol{E})\boldsymbol{H}^{\mathrm{T}} = \boldsymbol{A}\boldsymbol{H}^{\mathrm{T}} + \boldsymbol{E}\boldsymbol{H}^{\mathrm{T}} \tag{3-27}$$

由于 $\boldsymbol{A}\boldsymbol{H}^{\mathrm{T}} = 0$,因此校验子 $\boldsymbol{S} = \boldsymbol{E}\boldsymbol{H}^{\mathrm{T}}$,只与 $\boldsymbol{E}$ 有关,即错误图样与校验子之间有确定的关系。

3.2.3 循环冗余码

循环冗余校验(Cyclic Redundancy Check,CRC)码是一类重要的线性分组码,编码和解码方法简单,检错和纠错能力强,在通信领域广泛地用于实现差错控制。

利用 CRC 进行检错的过程可简单描述为:在发送端根据要传送的 k 位二进制码序列,以一定的规则产生一个校验用的 r 位监督码(CRC 码),附在原始信息后边,构成一个新的二进制码序列数共 $k+r$ 位,然后发送出去,如图 3-3 所示。在接收端,根据信息码和 CRC 码之间所遵循的规则进行检验,以确定传输中是否出错。

图 3-3　CRC 码结构

本节着眼于介绍 CRC 的算法与实现,对原理只能简要说明一下。若需要进一步了解线性码、分组码、循环码、纠错编码等方面的原理,可以阅读相关资料。

1. CRC 原理

在代数编码理论中,任意一个由二进制位串组成的代码都可以和一个系数仅为 0 和 1 取值的多项式一一对应。例如:代码 1010111 对应的多项式为 $x^6 + x^4 + x^2 + x + 1$,而多项式 $x^5 + x^3 + x^2 + x + 1$ 对应的代码为 101111。

假设:编码前的原始信息多项式为 $P(x)$,$P(x)$ 的最高幂次加 1 等于 k;生成多项式为 $G(x)$,$G(x)$ 的最高幂次等于 r;CRC 多项式为 $R(x)$;编码后的带 CRC 的信息多项式为 $T(x)$。

发送方编码方法:将 $P(x)$ 乘以 x^r(即对应的二进制码序列左移 r 位),再除以 $G(x)$,所得余式为 $R(x)$,用公式表示为 $T(x) = x^r P(x) + R(x)$。

接收方解码方法:将 $T(x)$ 除以 $G(x)$,如果余数为 0,则说明传输中无错误发生,否则说明传输有误。

举例来说,设信息码为 1100,生成多项式为 1011,即 $P(x) = x^3 + x^2$,$G(x) = x^3 + x + 1$,计算 CRC 的过程为

$$\frac{x^r P(x)}{G(x)} = \frac{x^3(x^3 + x^2)}{x^3 + x + 1} = \frac{x^6 + x^5}{x^3 + x + 1} = (x^3 + x^2 + x) + \frac{x}{x^3 + x + 1}$$

即 $R(x) = x$。注意到 $G(x)$ 最高幂次 $r = 3$,得出 CRC 码为 010。

如果用竖式除法,计算过程为

```
              1110
         --------------------    （1100 左移 3 位）
    1011 /1100000

              1011
              --------
              1110

              1011
              --------
              1010

              1011
              --------
              0010

              0000
              --------
               010
```

因此，$T(x) = (x^6 + x^5) + (x) = x^6 + x^5 + x$，即 1100000 + 010 = 1100010。

如果传输无误，则有

$$\frac{T(x)}{G(x)} = \frac{x^6 + x^5 + x}{x^3 + x + 1} = x^3 + x^2 + x$$

无余式。回过来看上面的竖式除法，如果被除数是 1100010，显然在商第三个 1 时，就能除尽。

上述推算过程，有助于理解 CRC 的概念。但直接编程来实现上面的算法，不仅繁琐，效率也不高。实际上在工程中不会直接这样去计算和验证 CRC 的。

2. 硬件电路的实现方法

实际通信应用中，通常采用标准的 CRC 码，如 CRC – CCITT 和 CRC – 16，它们的生成多项式是

$$CRC - CCITT = x^{16} + x^{12} + x^5 + 1$$

$$CRC - 16 = x^{16} + x^{15} + x^2 + 1$$

在数据传输过程中，发送方将 CRC 校验码附加在所传数据流的尾部一并传送；接收方用同样的生成多项式去除接收到的数据流。若余数为零，则可判断所接收到的数据是正确的，否则可判断数据在传输过程中产生了误码。

CRC 设计的关键是实现多项式除法，软件实现的方式相对较复杂，而用硬件的方式通过设计除法电路来实现 CRC 则是非常简单的。除法电路的主体由一组移位寄存器和模 2 加法器（异或单元）组成。以 CRC – ITU 为例，它由 16 级移位寄存器和 3 个加法器组成，见图 3 – 4（编码/解码共用）。编码、解码前将各寄存器初始化为 0，信息位随着时钟移入。当信息位全部输入后，从寄存器组输出 CRC 结果。

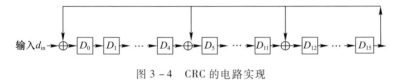

图 3 – 4　CRC 的电路实现

图 3 – 4 只需很少的硬件资源即可实现,下面是采用硬件描述语言 VHDL 的代码示例。

```
crc_data 表示接收到的 crc 值

process( clk )
begin
    if( clk ' event and clk = ' 1 ' ) then
        if( frame_end = ' 1 ' ) then            表示一帧数据结束
            reg  < = ( others = > ' 0 ' ) ;
        else
            reg( 4 downto 1 ) < = reg( 3 downto 0 ) ;
            reg( 5 ) < = reg( 4 ) xor reg( 15 ) ;
            reg( 11 downto 6 ) < = reg( 10 downto 5 ) ;
            reg( 12 ) < = reg( 11 ) xor reg( 15 )
            reg( 15 downto 13 ) < = reg( 14 downto 12 ) ;
        end if;
    end if;
end process;
------------------------------------------------
    process( clk )
    begin
        if( clk ' event and clk = ' 1 ' ) then
            if( data_end = ' 1 ' ) then          表示一帧内的数据位结束
                if( crc_data = reg ) then
                    crc_error  < = ' 0 ' ;
                else
                    crc_error  < = ' 1 ' ;
                end if;
            end if;
        end if;
    end process;
```

3.2.4 卷积编码

1. 卷积码的基本概念

下面介绍编码中的一些基本概念:

（1）码重（weight）：一个码组中 1 的数目；

（2）码距（distance）：两个码组之间对应位置上 1、0 不同的位数，也叫汉明（Hamming）距；

（3）检错、纠错的能力：为检测出 l 个错误，要求最小码距为 $d_{min} \leqslant l + 1$；为纠正 t 个错误，要求最小码距为 $d_{min} \leqslant 2t + 1$；为纠正 t 个错误，同时检测出 l 个错误，要求最小码距为 $d_{min} \leqslant l + t + 1, l > t$。

卷积码的基本特征常用三个数 n、k、N 来表示，k 为每次送入编码器进行编码的信号序列的码元数，n 为每次对 k 个码元编码后得到的码元数，k/n 称为编码效率，N 为码的约束长度，反映卷积编码时每个信号码元对其后信号码元产生影响的码元个数。卷积码编码后的 n 个码元不仅与当前的 k 个信息有关，而且也与前 $N - 1$ 段的信息有关。

图 3 - 5 所示是一个（2，1，3）的卷积码编码器。

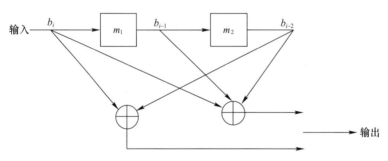

图 3 - 5 （2，1，3）卷积编码器示意图

卷积码中有两个距离概念：最小距和自由距。卷积码中长度为 nN 的编码后序列之间的最小汉明距称为最小距。任意长编码后序列之间的最小汉明距称为自由距。由于卷积码并不划分码字，因而以自由距作为纠错能力的度量更为合理。更确切地说，采用哪一种距离作为纠错能力的度量，与译码算法有关。

2. 软判决与软判决增益

数字调制信号（如 PSK）在接收端经相干检测后采样判决之前的电压 $y(t)$ 服从高斯分布。如果有两个被接收的信号，一个稍大于 0（判决门限），另一个大于 $\pm \sqrt{Es}$，按照一般的判决方法，这两个信号都被判决为 1。而实际上,前一个信号为 1 的可信度要比后者差得多。这种把 $y(t)$ 硬性判决为 1 或 0 的判决方式,称为硬判决。硬判决必然损失 $y(t)$ 所携带的部分有用信息。可以把 $y(t)$ 的模拟量或数字化后的数字量不经任何判决,送入纠错码的译码器,让译码器充分利用原始量中的全部有用信息,更有效地进行译码纠错。把信号 $y(t)$ 不硬性判决为 1 或 0,而量化后对送出的数字量的判决称为软判决。译码器利用附加的软判决信息进行软译码时比硬译码能得到额外的 $2 \sim 3dB$ 增益,称此增益为软判决增益。对 $y(t)$ 不进行量化则等效于无限多电平量化。量化成 Q 个电平,则称为 Q 电平量化。

在设计维特比译码器时,折中考虑设备的复杂性和 SNR 的损失两个方面,一般都采用 8 电平量化。

3. 维特比(Viterbi)译码

维特比译码算法是 A. J. Viterbi 按最大似然译码原理提出的一种卷积码译码方法。首先介绍最大似然译码的概念。最佳接收机理论应用最广泛的一条最佳准则是最大后验概率准则,在一定条件下,它等效于最小均方误差准则。最大后验概率接收机由两部分组成:第一部分是在接收到信号波形 y 之后,计算发送端发送信号 x 的后验概率 $p(x|y)$;第二部分是比较所有可能发送信号的后验概率,并选取最大的那个信号作为发送信号。为了简化计算,常用似然函数代替后验概率,这样构成的接收机称为最大似然接收机。最大似然译码就是对码组的最大似然接收。

实现维特比译码的原理和技术都比较复杂,本书不作详细介绍。目前维特比译码器已有商用集成芯片可以直接使用,对于 FPGA 设计来说,主流的 FPGA 设计厂商都提供有维特比译码器的 IP 核,设计人员只需对需要译码的数据进行时序控制,即可灵活地实现维特比译码。对于扩频接收机来说,通常涉及多个信号通道的数据译码,而 FPGA 中维特比译码器所耗费的硬件资源较多,为降低硬件成本,需要考虑维特比译码器的复用。

扩频接收机在完成信号解扩解调并产生帧标志后,前端电路将解调后的每个通道的数据送入维特比译码器,其任务是完成各通道译码前的数据缓存、数据译码、译码后的数据缓存等。对维特比译码器 IP

核的复用通常可采用时分复用的方式,即在一个轮询周期,对每个通道数据交替译码。因此,维特比译码器时序控制模块的设计也相应分为三部分:译码前的数据缓存时序设计、译码控制时序设计、译码之后的数据缓存时序设计。这里不再赘述。

第4章　直接序列扩频接收机

4.1　扩频接收机信号处理

4.1.1　总体流程

现代的扩频接收机方案大多采用由高级电路集成的数字处理技术,这样接收机的结构框图如图 4 - 1 所示。

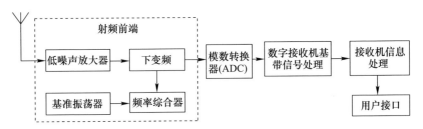

图 4 - 1　扩频接收机结构框图

其中,天线接收视界内的所有同频段的扩频信号,射频信号经低噪声放大器放大后,被来自本地振荡器的混频信号下变频到中频(IF)频率,以便用数字方法来处理。为减少带外射频干扰,天线和低噪声放大器之间通常也可以放置一个无源带通滤波器。

下变频后的模拟中频信号首先经过 ADC 转换为数字中频,然后送到数字处理模块进行基带处理。基带处理模块包括扩频信号的解扩、解调、译码、位同步、帧同步等。

4.1.2　射频前端

接收机射频(RF)前端的作用是对接收到的扩频信号进行滤波和放大,并将输入扩频信号下变频到可以进行处理的中频(IF)。图 4 - 2

给出了一个详细的射频前端原理框图。其中,射频带通滤波器(BPF)直接放置在无源天线之后,用来减少带外干扰。一般来说,BPF 的带宽应足够大,能够使有用信号不变形地通过,并且在带外应急剧下降以滤掉带外的信号。然而,由于通带带宽与载频的比值很小,导致这样的带通滤波器难以实现。

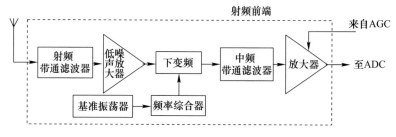

图 4 – 2　射频前端原理图

实际工程应用中,通常采用两级滤波来实现。第一级滤波器为宽带截止滤波器,用来防止射频前端受强干扰信号影响而过载。第二级滤波器采用锐截止带通滤波器,用在信号下变频到中频后。此外,射频前端带通滤波器应当是低损耗(如小于 1dB)的,以使总的噪声系数降低。

由于天线接收到的扩频信号强度非常小,容易被周围的强信号干扰所压制。为了使信号可用于后面电路的数字化处理,接收机射频前端还需提供 35 ~ 55dB 的增益。低噪声放大器(LNA)是具有最大增益、最小噪声的有源放大器,能够帮助降低整个接收机的噪声系数,常紧跟天线放置。

扩频信号在接收机前端放大之后,下变频到较低的中频频率,以进一步放大和滤波。下变频主要作用是将信号频谱搬移到较低频带,从而可以使信号进行数字处理,同时使带通滤波器的设计变得可行。

通常将接收到的扩频信号与本地频率综合器产生的正弦信号相乘,即可完成下变频,下变频后的中频频率等于本地频率综合器的频率与扩频信号载波频率的差值。相乘过程中扩频信号频率与本地频率综合器频率的和值分量也同时产生,但这些信号可由混频器之后的简单带通滤波器进行滤除。

自动增益控制(Automatic Gain Control,AGC),是一种使放大电路的增益自动地随信号强度而调整的自动控制方法。实现这种功能的电路简称 AGC 环。在接收机 ADC 采样过程中,ADC 输入信号强度必须与 ADC 动态范围相匹配,因此,接收机应使用 AGC 环以使 ADC 输入强度保持不变。

4.1.3 信号的采样抽取

天线接收到的射频模拟信号经射频前端下变频后,需要进行采样抽取,将其变换为适合于数字信号处理器(DSP)或计算机处理的数字信号,然后通过软件算法来完成各种功能,使其具有更好的可扩展性和应用环境适应性。

1. 采样

由 Nyquist(奈奎斯特)采样定理可知,如果以不低于信号最高频率两倍的采样速率对带限信号进行采样,那么所得到的离散采样值就能准确地确定原信号。也就是说,对一个频率带限信号 $x(t)$,其频带限制在 $(0,f_H)$ 内,如果以不小于 $f_s = 2f_H$ 的采样速率对 $x(t)$ 进行等间隔采样,得到时间离散的采样信号 $x(n) = x(nT_s)$(其中 $T_s = 1/f_s$ 称为采样间隔),则原信号 $x(t)$ 将被所得到的采样值 $x(n)$ 完全地确定。

然而,对于信号的频率分布在某一有限的频带 (f_L,f_H) 上时,如果仍根据 Nyquist 采样定理,按 $f_s > 2f_H$ 的采样速率来进行采样。那么,当信号的最高频率 f_H 远大于其信号带宽 $B = f_H - f_L$ 时,其采样频率会很高,以致很难实现,或者后处理的速度也满足不了要求。由于带通信号本身的带宽并不一定很宽,那么自然会想到能不能采用比 Nyquist 采样率更低的速率来采样呢?甚至以两倍带宽的采样串来采样呢?这就是带通采样理论要回答的问题。

带通采样定理的定义为:设一个频率带限信号 $x(t)$,其频率限制在 (f_L,f_H) 内,如果其采样速率 f_s 满足

$$f_s = \frac{2(f_L + f_H)}{2n + 1} \tag{4-1}$$

式中:n 取能满足 $f_s \geqslant 2(f_H - f_L)$ 的最大正整数 $(0,1,2,\cdots)$,则用 f_s 进行等间隔采样所得到的信号采样值 $x(nT_s)$ 能准确地确定原信号 $x(t)$。

显然,当带通信号的中心频率 f_0 满足 $f_0 = f_H/2$,带宽 B 满足 $B = f_H$ 时,取 $n = 0$,式 $(4-1)$ 就是 Nyquist 采样定理,即满足 $f_s = 2f_H$。当带宽 B 一定时,为了能用最低采样速率即两倍频带宽度速率对带通信号进行采样,带通信号的中心频率必须满足

$$f_0 = \frac{2n+1}{2}B \qquad (4-2)$$

对于扩频信号来说,有用信号的频带通常较宽,即使采用带通采样仍然存在采样率过高的问题,因此在实际应用中,也常常采用"欠采样(Undersampling)"处理。"欠采样"是指采样频率 f_s 低于 2 倍信号最高频率 f_H。对一个带通中频信号采用"欠采样"处理,无疑降低了 ADC 的采样频率,对 ADC 器件和抽取滤波数字信号处理器件的要求大为降低。此外,欠采样有可能避开带外的谐波杂散混叠到带内来。欠采样还具有类似于变频器的作用,一般对于信号进行欠采样,其频谱将会被折叠到基带(又称第一 Nyquist 区)。

在数字化过程中,采样频率 f_s 越大,噪声基底越低。因为总的积分噪声保持不变而噪声将在更宽的频段上扩展,因此过采样有利于提高信噪比,欠采样却会使信噪比恶化,在实际实现中选择哪种采样方式,应综合考虑决定。

2. 抽取

整倍数 D 抽取是指原始采样序列 $x(n)$ 每隔 $D-1$ 个数据取一个,以形成一个新序列 $x_D(m)$,即 $x_D(m) = x_D(mD)$,其中 D 为正整数,为抽取因子。

从频域的角度来讲,如果 $x(n)$ 序列的采样率为 f_s,则其无模糊带宽为 $f_s/2$,当以 D 倍抽样率对 $x(n)$ 进行抽取后得到的抽取序列 $x_D(m)$ 的采样率为 f_s/D 时,其无模糊带宽为 $f_s/(2D)$,所以当 $x(n)$ 中含有大于 $f_s/(2D)$ 的频率分量时,$x_D(m)$ 就必然产生频谱混叠,导致无法从 $x_D(m)$ 恢复 $x(n)$ 中大于 $f_s/(2D)$ 的频率分量信号。抽取前后序列的频谱(以 $D = 4$ 为例)如图 $4-3$ 所示。

可以看出,抽取后的频谱 $X_D(e^{j\omega})$ 是有混叠的,解决办法是首先用

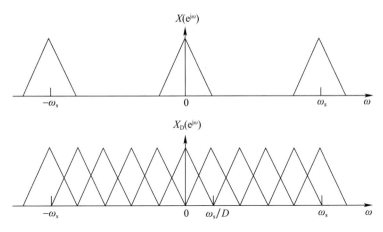

图 4 - 3　抽样前后($D=4$)的频谱结构变换图

一个数字滤波器 $B=\pi/D$ 对 $X(e^{j\omega})$ 进行滤波,使其只含有小于 π/D 的频率分量,再进行 D 倍抽取,所以一个完整的 D 倍抽取器结构如图 4 - 4 所示。

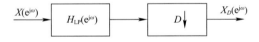

图 4 - 4　完整的抽取器方框图

当原始信号的频谱分量本身就小于 π/D 时,则前置低通滤波器可以省去;当原始信号有大于 π/D 的分量时,有

$$X_D(e^{j\omega}) = \frac{1}{D}\sum_{l=0}^{D-1}x[e^{j(\omega-2\pi l)/D}] \qquad (4-3)$$

抽取序列的频谱为抽取前原始序列之频谱经频移和 D 倍展宽后的 D 个频谱的叠加和。经过 D 倍抽取,信号的频域分辨率大大提高。

4.1.4　数字下变频

数字下变频(DDC)完成数字中频信号到基带信号的变换,主要由数字混频器、数字控制振荡器(NCO)和低通滤波器(LPF)三部分组成,如图 4 - 5 所示。其中,混频器完成信号频谱的搬移,NCO 用于产生特定的本地振荡信号,LPF 负责对采集到的数据进行消除干扰的处理。

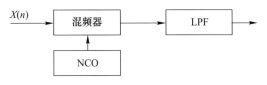

图 4 - 5 数字下变频器组成图

影响数字下变频性能的主要因素有两个:①表示数字本振、输入信号以及混频乘法运算的样本数值的有限字长所引起的误差;②数字本振相位的分辨率不够而引起的数字本振样本数值的近似取值,也就是说如果数字混频器和数字本振的数据位数不够宽,就存在着尾数截断的情况,数字本振相位的样本值存在着近似的情况。而截断和近似的程度,影响着数字下变频的性能。下面将对数字混频正交变换和 NCO 进行介绍,而由于数字滤波技术更多涉及的是数字信号处理的知识,这里不作进一步的介绍。

1. 数字混频正交变换

数字混频正交变换实际上就是先对模拟信号 $x(t)$ 通过 ADC 采样数字化后形成数字序列 $x(n)$,然后与两个正交本振序列 $\cos(\omega_0 n)$ 和 $\sin(\omega_0 n)$ 相乘,再通过数字低通滤波来实现,如图 4 - 6 所示。

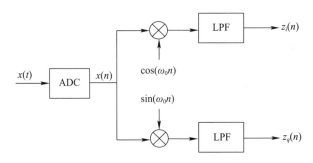

图 4 - 6 实信号的正交基带变换

在图 4 - 6 中由于两个正交本振序列的形成和相乘都是数字运算的结果,所以其正交性是完全可以得到保证的,只要确保运算精度即可,其主要缺点是对 ADC 采样的要求比较高,需在高频进行采样数字化,而不是只需对基带数字化。但目前在 ADC 芯片采样位宽普遍达到

14bit 或 16bit 情况下,对 100MHz 左右的信号进行直接采样是容易达到的,这完全满足目前扩频系统的实际要求。

2. 数字控制振荡器

数字控制振荡器在 DDC 中相对来说是比较复杂的,也是决定 DDC 性能的最主要因素之一。NCO 的目标就是产生一个理想的正弦或余弦波,更确切说是产生一个可变频率的正弦波样本,即

$$S(n) = \cos\left(2\pi \times \frac{f_{LO}}{f_s} \times n\right) \tag{4-4}$$

式中:f_{LO} 为本地振荡频率;f_s 为 DDC 输入信号的采样速率。

信号采样频率较低的情况下,正弦波样本可以用实时计算的方法产生。在高速采样情况下,NCO 实时计算的方法不太现实,这时最有效、最简便的方法是查表法,即:首先,根据各个 NCO 正弦波相位计算好对应的正弦值,并按相位角度作为地址存储该相位的正弦值数据,DDC 工作时,在每向 DDC 输入一个待下变频的信号采样样本时,NCO 就增加一个 $2\pi \times f_{LO}/f_s$ 的相位增量;然后,按照相位累加角度作为地址,检查该地址商的数值并输出到数字混频器,与信号样本相乘,乘积样本再经过低通滤波器输出,这样就完成了下变频。

4.1.5 基带信号处理

基带信号处理是指在专用硬件中运行的软件算法集合,主要算法功能有信号捕获、跟踪、数据译码、位同步、帧同步等。

1. 信号捕获过程

设接收信号为

$$s(t) = \sqrt{2P}d(t)c(t)\cos(\omega_0 t + \theta_0) \tag{4-5}$$

本地扩频码为 $c(t-\tau)$。

码捕获过程要解决的问题是,在接收机 $c(t)$ 无任何先验知识的前提下,它与本地 $c(t-\tau)$ 的时延 τ 是个随机变量,取值范围为 $1T_c \to NT_c$,其中 N 为要搜索的码元数,接收机必须控制本地 $c(t-\tau)$,使 $\tau = N/(qT_c)$(其中 q 为要搜索的单位数,可取 $q = 2N$,也可取 $q = 3N, 4N$)。然后通过 $c(t-\tau)$ 与 $s(t)$ 的相关值是否大于某个门限来判断是否已实

现码同步。捕获原理如图 4 - 7 所示。

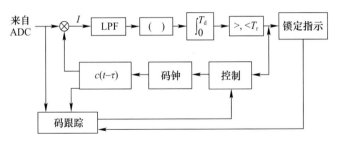

图 4 - 7 扩频信号捕获原理

2. 解扩

一般采用相关检测或匹配滤波的方式来解扩。

相关检测就是用本地产生的相同的信号与接收到的信号进行相关运算,其中相关函数最大的就最可能是所要的有用信号。

基本的解扩过程就是在接收端产生与发端完全相同的扩频码,对收到的扩频信号,在平衡调制器中再一次进行 BPSK(二相相移键控)调制,发端相移键控调制后的信号在收端又被恢复成原来的载波信号。而恢复的前提条件是本地扩频码与接收到的信号相位对准,才能正确地将相移后的信号再翻转过来,因此,收发两端信号同步是扩频系统接收的关键。

平衡调制器将收到的展宽的信号解扩成信息调制的载波,然后经带通滤波器输出,此过程称为相关解扩过程。

通常为了处理方便,解扩大多在中频进行。接收到的扩频信号,先在变频器中变换到中频,然后进入到平衡调制器中解扩,再接中频带通滤波器输出。有时为了避免强干扰信号从平衡调制器的输入端绕过而泄漏到输出端去,可以用外差相关解扩。

本地产生的扩频码先与本地振荡器产生的、与接收信号差一个中频信号的本地振荡信号在下面一个平衡调制器进行调制,产生本地参考信号,这是一个展宽了的信号。然后,此本地参考信号与接收的信号在上面一个平衡调制器调制成中频输出信号。这时平衡调制器实际上起的是混频器的作用,由于它的输入信号和输出信号不同,也就不会发生强干扰信号直接绕过去的泄漏了,并且后面还可再接一个中频带通

49

滤波器,进一步滤除干扰。

3. 位同步

位同步也称为比特同步,即从接收信号中找到数据比特的边缘。在扩频系统中,一个数据比特可能调制了几个周期的扩频码,如 GPS 等。位同步就是要根据一定算法确定当前接收信号在某一数据比特中的位置,或者说是确定接收信号中数据位的起始边缘位置。

位同步算法中比较常见的有直方图(Histogram)算法,读者可以自行查阅相关资料。这里仅介绍硬件实现的位同步方法。假设一个数据位包含 N 个扩频码周期 T_d,接收机可以利用 N 个并行相关器及其相关支路对接收信号进行时间长度为 NT_d 的相干积分,其中让 N 个相关支路的相干积分起始沿相差 T_d 时间,然后检测这 N 个相干积分结果,若某条相关支路获得最高的相干积分结果,则相应的相干积分起始沿必定与数据比特起始沿对齐,即实现位同步。

另外,由于相对于扩频码同步,比特位同步的速度较慢,因此也可以采用串行的方式实现位同步。利用一个相关器,采用滑动相关的方法也可实现位同步。关于滑动相关的方法将在后面码捕获中详细介绍。

4. 帧同步

载有数据信息的码序列在发端按一定的帧结构组织起来,接收端要想恢复出数据信息,必须首先识别每帧数据的起始位置。找到帧起始标志的过程称为帧同步。实现帧同步的方式有多种,这里仅简单介绍下扩频通信中通常用的插入特殊码序列方法。

插入特殊码序列是指用一组特殊的码序列来代表同步信息,然后把这个码字周期性地插入到编码数字信息序列中。接收方根据同步码字的特点进行识别,就得到了码字同步的信息。采用这种方法的关键在于特殊码序列的选取,要求选用的码序列必须具有足够的独特性,以免数字信号中由于随机组合而出现与之相同的假同步码序列。这实际上是要求选用的特殊码序列具有很优良的相关性。只有当码序列本身出现时,码序列识别器的输出最大,而在其他情况下,码序列识别器输出的都是 0 或者近似 0。

巴克码是一种既短又独特的非周期伪随机码,被广泛作为扩频系统的帧同步序列。巴克码的识别通常采用相关器,也可称为巴克码序列匹配滤波器。接收机帧同步过程中,解调得到的数据信息逐位输入到巴克码序列匹配滤波器中,只有当输入的数据信息与巴克码序列完全匹配时,匹配滤波器输出累加才能得到最大相关值,否则累积结果总是小于最大值。根据这个特点即可实现同步头的识别。

帧同步头识别是根据数据序列里每隔固定时间的巴克码序列提取帧同步信号,会出现虚警和漏警。虚警是在数据段中包含和巴克码序列一样的序列,因此要防止误同步;漏警是指巴克码序列处出现误码,提取不出帧同步头序列。解决办法是:连续多次在序列固定处出现巴克码时,则此处为帧同步头处;帧同步后连续多次在此固定处出现非巴克码序列,则判为帧同步头失去。

4.2 接收机硬件设计

图4-8给出了扩频接收机的工作流程图。从图4-8中可以看出,扩频接收机的硬件组成主要包括三部分:天线、射频前端和基带处理。对于成熟的扩频系统来说,采取专门集成电路(ASIC)芯片进行设计,能够显著降低接收机的体积、成本和开发周期。而随着微处理器和可编辑逻辑器件功能日益强大,即使不使用定制的ASIC芯片,也可快速开发出功能强大的接收机。对于一些特殊应用和特殊需求的接收机来说,通常是采用数字信号处理器(DSP)、FPGA等嵌入式器件来实现。

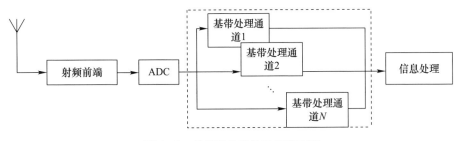

图4-8 扩频接收机的工作流程图

其中,射频前端处理模块通过天线接收所有可见的同频段的扩频

51

信号,经射频前端进行滤波放大后下变频为中频信号,最后经 ADC 将模拟中频信号转换为数字中频信号,送入基带处理部分进行相应处理。

基带处理模块有多个并行通道,这些并行通道的功能通常由一片 FPGA 芯片实现。一种典型的基带处理方案如图 4-9 所示。

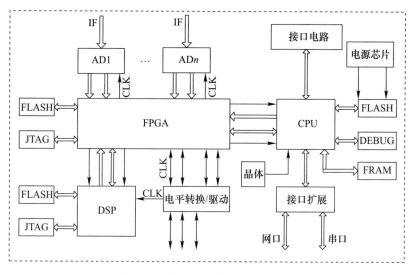

图 4-9　接收机基带处理硬件组成

基带处理中,根据 FPGA 和 DSP 芯片的特点,分别完成不同的功能。其中,FPGA 主要完成以下功能:

(1)多通道信号的相关及本地扩频码的产生;

(2)与 DSP 一起完成多通道的解扩、解调;

(3)完成多通道数据译码及校验;

(4)实现接收机处理状态的控制;

(5)实现与 DSP 与 CPU 芯片的接口。

DSP 主要完成涉及大规模计算的处理任务,包括:

(1)接收 FPGA 输出的相关值,完成载波环路、码环路的闭环工作;

(2)进行多通道信号的捕获;

(3)在 FPGA 辅助下完成多通道的解扩解调。

由于在 DSP 实现的多通道捕获及解扩解调这些功能,对处理速度的要求相对较慢,基本为每个数据位的时间对各个通道进行一次处理,因此,可采用中断方式对每个通道进行循环检测的方式。当 DSP 接收到中断信号后,进入通道检测程序,并完成相关处理,处理完之后进入下一次中断等待。DSP 采用中断处理方式的工作流程图如图 4 – 10 所示。

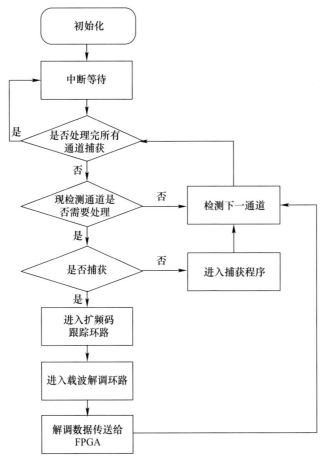

图 4 – 10　扩频接收机中 DSP 工作流程

随着超大规模集成电路(VLSI)工艺技术的飞速发展,单一的

FPGA或DSP芯片也可以完成整个基带处理功能,扩频接收机也朝着片上系统(SoC)这一集成电路的主流方向发展。片上系统是指将微处理器、DSP芯片、存储器件(ROM、RAM、闪存等)、实时时钟、晶体振荡频率源、ADC、外部标准接口(通用串行总线(USB)、通用异步收发器(UART)、串行外设接口(SPI)等)差别很大的多种复杂功能模块集成到一个芯片上。SoC不仅能够降低功耗、体积和成本,而且通常具有更快的运行速度,因而是未来扩频接收机的发展方向。

第 5 章 直接序列扩频码捕获

扩频码捕获首先需要复现要接收的扩频码,然后移动这个复现扩频码的相位,直至与接收的扩频码发生相关。相关过程是一个二维搜索过程,需要在码域和频域进行同步搜索。只有当本地复现码与接收到的扩频码相位匹配,并行复现的载波频率与接收信号的载波频率也相匹配的时候,才能获得最大相关值。扩频扩频码的同步捕获就是计算并比较扩频码在 $2N$ 个相位状态下的相关值。在工程应用上,捕获速度是扩频码同步捕获的一个主要指标,而如何缩短扩频码的同步捕获时间一直是扩频通信中的一个研究热点。常用的码捕获方式主要有滑动相关捕获算法、匹配滤波器捕获法、基于傅里叶变换(FFT)的捕获法,以及部分匹配滤波器(PMF)与 FFT 结合(PMF + FFT)的捕获法。

5.1 码相位和多普勒频率的搜索

扩频码捕获首先需要进行码相位的搜索和多普勒频率的搜索。由于扩频信号的信号功率被扩展到一个宽频带中,这种信号实际上是不可检测的,除非在接收机中利用与接收码精确同步的复制码进行解扩。而由于信号直到获得同步才能被检测到,所以应该在可能的同步范围内进行搜索(码相位搜索)。

扩频接收机几乎都是多通道的,每个通道指定一个扩频码和载波频率,各通道的处理是同时进行的。因此,扩频接收机可以对所有同频段的扩频信号同时进行搜索。每个通道的搜索包括频率和码延迟按时间的顺序步进,称为顺序搜索法。

信号解扩后,就需要相对较窄的带宽(100 ~ 1000Hz)来提高信噪比,以满足可检测或可用的要求。但是,由于扩频信号的载波频率高,且与接收机的相对速度大(如卫星通信),因而对接收机用户来说,接收信号可能有很大的多普勒频移(中圆地球轨道(MEO)卫星多达±5kHz),且该多普勒频移可能变化很快(达1Hz/s),因此接收频率事先是不确定的。此外,典型接收机参考振荡器的频率误差通常会引起载波频率有几千赫兹甚至更大的偏差。因而,除码相位搜索外,还需要在频域进行搜索以找到信号。实际应用中,在给定了多普勒和用户时钟误差估计值时,捕获过程可以采用数值为500Hz量级的频率步进。

由此可见,为了获得每个扩频信号,接收机必须进行二维搜索,维度分别为码延迟和载波频率的不确定度。在每一个搜索的频率值上,必须对码延迟的整个范围进行搜索。进行搜索的一般方法如图5-1所示。其中,从ADC来的数字中频信号分别与本地产生的正交载波(中频信号)相乘,即从ADC来的一路信号与正弦函数相乘,产生同相分量I,另一路信号以余弦函数相乘产生正交分量Q。然后,这些I、Q分量与码的不同延迟信号相乘,通过一个信号积分器电路,积分器电路的带宽相对较小,为T_d的倒数(T_d是检测积分时间,如图5-1所示)。这些I、Q相关输出被送入搜索鉴别器。搜索鉴别器的实现有各种方法,其中一种方法是,从搜索鉴别器提供一个与I^2+Q^2成正比的输出。搜索鉴别器的输出能量Λ作为信号监测统计量,与门限V_T进行比较。只有当码延迟和频率都与接收信号匹配时,输出信号才比较大。当能

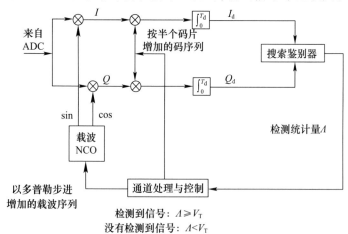

图5-1 信号搜索方法

量超出预设的门限时,就可以做出一个尝试性的结论,信号的码相位和频率都同步了,提请后面验证。门限值 V_T 的选取是解决 P_D 最大化和 P_{FA} 最小化矛盾的折中结果,P_D 是在给定多普勒频移和码延迟条件下信号存在时的检测概率,P_{FA} 是当该信号不存在时的虚警率。

对于周期相对较短的扩频码(如 GPS C/A 码),信号的未知码延迟在整个码周期范围内均匀分布,每个延迟出现的可能性均等。因此,在码搜索中,所用的延迟序列可以采用 0.5 个码片为步进。对于长周期的扩频码,通常需要提供辅助信息来帮助接收机降低搜索难度。

1. 码延迟的顺序搜索

对于每一个被搜索的频率,接收机产生与信号发射端相同的伪随机码,并以一定的离散步进(典型值为 0.5 个码片)来移动码的延迟。当相关器输出能量超过 V_T 门限值时,表明接收机本地码与接收码大致同步(同时多普勒也基本匹配)。多数扩频接收机采用 0.5 个码片步进,这是解决搜索速度(通过大的搜索步进来提高)、保证接近码相关函数峰值的码延迟(通过小的搜索步进来提高)两者冲突的一种可接受的折中方案。

码搜索中的一个重要参数是用于每个码延迟位置的驻留时间,它既影响搜索速度,又影响检测和虚警性能。为获得正确的相关函数,驻留时间应为码周期的整数倍。为了增强微弱信号环境中的检测能力,有时也采用更长的驻留时间。但是,如果用于搜索的驻留时间为大于一个数据位的持续时间,则数据调制的位变换极有可能破坏搜索中相关器的相干处理,并导致漏检,这给对数据未知的扩频信号采用相关检测搜索增加了实用限制。对无数据扩频信号(导频信号)的捕获,没有数据跳变,所以积分时间只受限于存在信号时进行判决所花费的时间。

最简单的码搜索类型使用一个固定的驻留时间、单一的检测门限 V_T,以及简单判断信号是否存在的"是/否"判定。许多接收机通过使用连续检测技术,大大提高了搜索速度。在这种检测技术中,整个驻留时间取决于包含较高和较低检测门限的三重判决。

2. 频率的顺序搜索

需要搜索的频率范围是接收机参考振荡器精度、多普勒频移的函数。搜索过程首先要估计扩频信号多普勒频移的大小,然后确定搜索频率的区间$[f_{\text{lower}}, f_{\text{upper}}]$。区间的中心是$f_{\text{c}} + f_{\text{d}}$,其中:$f_{\text{c}}$为载频;$f_{\text{d}}$为估计的载波多普勒频移。为适应接收机参考振荡器、多普勒频差及用户时钟最坏情况下的误差,搜索区间的宽度需要足够大。以卫星信号为例,在没有多普勒频移任何估计值的情况下,对于没有明显速度的陆基用户,频率搜索区间的典型范围是$f_{\text{c}} \pm 5\text{kHz}$,而对于空基接收机,频率不确定度可能要进行扩展,取决于用户的卫星轨道和相对于卫星的速度。通常要求搜索范围从$\pm 5\text{kHz}$扩展到$\pm 20\text{kHz}$。

频率搜索以覆盖整个搜索区间的N个离散频率进行。N值为$(f_{\text{upper}} - f_{\text{lower}})/\Delta f$,其中$\Delta f$是相邻的间隔(频率步进)。频率步进由相关器的有效带宽决定。对于许多扩频接收机使用的相关处理,频率小区宽度约为搜索驻留时间的倒数。因为,Δf的典型值是$250 \sim 1000\text{Hz}$。假定频率搜索范围为$\pm 5\text{kHz}$,则按照500Hz的频率格步进,覆盖整个搜索间隔的频率步进数N就是20。

由于接收信号频率更可能接近多普勒频移,而不是远离多普勒估计,所以通过在被估计的频率开始搜索,并交替选择高于或低于估计值的频率向外扩大搜索范围,信号检测的预计时间可达到最小。例如,假设初始频率偏移的估计值是2500Hz,采用500Hz的频率步进进行搜索,依次搜索的多普勒频率分别为0Hz、500Hz、-500Hz、1000Hz、-1000Hz、1500Hz,完成搜索需要6步。

3. 串行与并行结合的搜索方法

为了更迅速地捕获扩频信号(在秒级或毫秒级),可通过并行搜索技术实现。在并行搜索中,附加的硬件允许同时搜索多个频率和码延迟。首先,利用数据采样存储,和快速傅里叶变换的方法对频率和码延迟进行估计。然后,这些估计值传递给精确跟踪运算,为扩频接收机提供一种混合捕获和跟踪方法。

5.2 滑动相关串行捕获法

滑动相关捕获法是一种实现简单的串行捕获方法。所谓滑动相关就是使本地参考扩频码产生器的时钟频率与接收扩频码时钟的频率有一定的偏差,通过改变本地参考扩频码产生器时钟的频率来达到改变码序列的相位。这样两个码序列从相位上看,好像在相对滑动。当滑动到两个码序列的相位一致时停止滑动。滑动相关法的工作流程如图 5 - 2 所示。

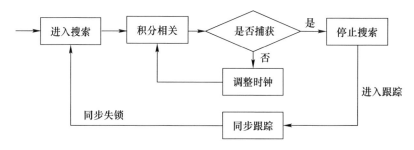

图 5 - 2　滑动相关法工作流程

扩频码序列是否捕获的判断依据是:对接收信号与本地参考扩频码作相关积分后,然后将相关结果与预设的门限比较器对比判别,如果大于门限则认为两个码序列相位对齐,信号已捕获,可以停止搜索并转入跟踪状态,否则通过调整本地码时钟的方式来调整码相位,然后重新进行捕获判断。设扩频码序列长为 N,码元宽度为 T_c,做一次相关积分的时间为 T_D,则扩频码序列信号的周期 $T = NT_c$,以 $T_c/2$ 为搜索相位改变增量,则搜索完扩频码序列一个周期(N 个码元)的时间,即最大同步捕获时间为

$$T_{AC,max} = 2NT_D \qquad\qquad (5-1)$$

当本地参考扩频码序列一开始(未经搜索)就与接收扩频码序列的相位一致时,只经过一次积分,不需要再搜索就实现了捕获,这是最小的同步捕获时间,即

$$T_{AC,min} = T_D \qquad\qquad (5-2)$$

滑动相关捕获法的优点是结构十分简单。但是当扩频码周期较长时,接收扩频码序列与本地参考扩频码序列之间的相位差可能会很大,此时搜索过程将可能比较长。以 GPS 导航信号为例,一个 C/A 码(民)的码周期为 1ms,码序列长度为 1023,则最大捕获时间为 1023ms,对于更长的码序列,捕获时间将可能达到数十分钟,甚至几小时,这在工程应用中几乎是不可以接受的。因此,在实际应用上,滑动相关捕获

法通常要与别的方法结合起来使用。先用其他的方法使两个扩频码序列的相位接近到一定的程度,再用滑动相关捕获法实现同步的捕获。

基于滑动相关的扩频信号捕获系统如图5-3所示。接收信号经相关处理后,变为中频窄带信号,经平方检波后送到积分器。积分器是从 $0 \rightarrow T_D$ 的积分清除积分器,在 T_D 时刻输出积分值。该积分值和门限比较器的门限值作比较,若该值低于设定的门限值时进入相位搜索控制模块,通常是通过控制扩频码时钟电路的工作状态,改变扩频码时钟的频率,从而改变本地参考扩频码序列的相位状态。改变了相位状态后的本地参考扩频码序列,再重复上述的相关处理、积分运算和与门限值比较等过程。当积分器的输出大于设定的门限时,就完成了对接收扩频码序列相位的捕获,门限比较器的输出不再改变时钟电路的工作状态,同时输出一状态信号给同步跟踪电路,进入扩频码序列的同步跟踪。

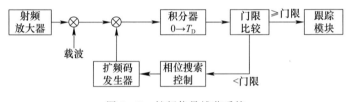

图5-3 扩频信号捕获系统

滑动相关捕获系统的时钟电路由压控振荡器(VCO)、分频器和时钟信号成型等电路组成。当门限比较器的输入值(积分值)低于比较器设定的门限值而输出低电平时,该低电平信号控制 VCO 输出信号的频率,时钟信号的频率发生改变,其结果相当于本地参考扩频码序列的相位作 $T_c/2$ 的滑动。

5.3 基于匹配滤波器的码捕获

5.3.1 匹配滤波器原理

下面简要概括一下与扩频码序列有关的匹配滤波器的数学原理。

一个任意滤波器的输出 $y(t)$ 都是输入信号 $s(t)$ 和滤波器冲激响

应 $h(t)$ 在时间域的卷积积分,即

$$y(t) = \int_0^t s(\tau)h(t-\tau)\,\mathrm{d}\tau \qquad (5-3)$$

当信号被高斯白噪声污染后,匹配滤波器使其输出信噪比最大。理论分析表明,在 $0 \rightarrow T_b$ 的时间间隔内,匹配滤波器的冲激响应应该是输入信号的时间反转,即

$$h(t) = s(T_b - t) \qquad 0 \leqslant t \leqslant T_b \qquad (5-4)$$

因此匹配滤波器的传输函数为

$$H(f) = S(f)\mathrm{e}^{-\mathrm{j}2\pi fT_b} \qquad (5-5)$$

式中:$S(f)$ 为输入信号 $s(t)$ 的傅里叶变换。

假设输入信号是 BPSK 调制,即

$$s(t) = Ac(t - T_d)d(t - T_d)\cos(2\pi f_0 t) \qquad (5-6)$$

在一个信息码元持续时间 T_b 内,$d(t)$ 的取值为常数,为简单起见假定 $d(t) = 1$,在无噪声的情况下,扩频码 $c(t)$ 的 N 个码元的 BPSK 波形可写为

$$s(t) = \sum_{n=0}^{N-1} c_n p(t - nT_c) \qquad (5-7)$$

式中:$c_n = \pm 1$ 为扩频码序列;$p(t)$ 为扩频码一个码元 T_c 内的基本脉冲波形。对式(5-7)作傅里叶变换可得

$$S(f) = P(f)\sum_{n=0}^{N-1} c_n \mathrm{e}^{-\mathrm{j}2\pi ntf/T_c} \qquad (5-8)$$

式中:$P(f)$ 为基本脉冲信号 $p(t)$ 的傅里叶变换。

利用式(5-5)和式(5-8),可以给出匹配滤波器的传输函数(注意 $T_b = NT_c$)为

$$H(f) = P^*(f)\sum_{n=0}^{N-1} c_n \mathrm{e}^{-\mathrm{j}2(N-n)\pi fT_c} \qquad (5-9)$$

而 $P(f)$ 可以表示为

$$P(f) = \int_{-T_c/2}^{T_c/2} A\cos(2\pi f_0 t)\mathrm{e}^{-\mathrm{j}2\pi ft}\,\mathrm{d}t \qquad (5-10)$$

经过计算得到

$$P(f) = \frac{AT_c}{2}\left\{\frac{\sin[\pi(f-f_0)T_c]}{[\pi(f-f_0)T_c]} + \frac{\sin[\pi(f+f_0)T_c]}{[\pi(f+f_0)T_c]}\right\} \quad (5-11)$$

显然 $P(f)$ 是实函数,所以有

$$P(f) = P^*(f) \quad (5-12)$$

因此匹配滤波器的传输函数 $H(f)$ 为

$$H(f) = P(f)\sum_{n=0}^{N-1} c_n \mathrm{e}^{-\mathrm{j}2(\pi N-n)fT_c} \quad (5-13)$$

图 5 - 4 给出了用延迟线实现的匹配滤波器(虚线左侧部分)。载波为 f_0 的 BPSK 信号在延迟线内被延迟了 $0, T_c, 2T_c, 3T_c, \cdots, (N-1)T_c$,延迟后的信号分别与 $c_{N-1}, c_{N-2}, c_{N-3}, \cdots, c_0$ 相乘,只有在 N 个乘法器输出信号的相位完全相同时,加法器才有最大的输出。而只有当进入延迟线的信号 $s(t)$ 中的扩频码序列与本地参考扩频码序列 $c_0, \cdots,$ c_{N-2}, c_{N-1} 完全相等时,N 个乘法器输出信号的相位才能完全相同。当包络检波器输出最大时,输入信号 $s(t)$ 中的扩频码序列的相位与本地参考扩频码序列 $c_0, \cdots, c_{N-2}, c_{N-1}$ 的相位完全相同,完成了扩频码的同步捕获。通过包络检波器和门限判决器,将同步时的最大值取出,作为同步跟踪的启动信号。

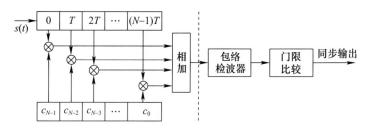

图 5 - 4　匹配滤波器同步捕获原理

5.3.2　基带匹配滤波器同步捕获法

利用匹配滤波器实现对基带信号同步捕获的方法,如图 5 - 5 所示,又称为延迟相关捕获法。

图 5 – 5   扩频码序列延迟相关捕获法

这种方法首先对接收到的扩频信号作放大、载波解调,解调后的信号为

$$v(t) = Ad(t - T_d)c(t - T_d) + 2N(t)\cos(2\pi f_0 t + \varphi_0) \quad (5 - 14)$$

式中:有用信号成分 $Ac(t - T_d)$(假设在观察期间内数据信号 $d(t) = 1$)实际上就是接收的扩频码序列信号,该信号被送入 M 级移位寄存器寄存。本地参考扩频码序列按某一相位状态存入另一 M 级寄存器中。因为对这两个寄存器对应位的数据进行模 2 求和后再相加(求两序列的相关函数值),当两码序列的相位状态不一致时,所得到的相关值较低(此时为扩频码序列自相关函数的旁瓣值)。接收扩频码序列再输入下一相位状态,作下一次相位的估值,即将接收扩频码序列在 M 级移位寄存器中作延迟移位,再求该相位状态下的相关值。这样,对序列相位逐次延迟移位估值,并作相关求和,当相关求和值输出为最大(M个单位)时,接收扩频码序列的相位与本地参考扩频码序列寄存的相位状态一致,从而实现了扩频码序列的捕获。

实际上,不一定使用延迟移位寄存器,也可以使用其他的延迟器件,甚至可以用模拟器件,只要能对接收扩频码序列作逐位延迟、寄存并与本地参考扩频码序列相关求和,就可实现扩频码序列的同步捕获,因此这种捕获方法称为延迟相关捕获法。事实上,利用延迟线实现匹配滤波器的同步捕获方法就是采用这个原理完成的,只不过用延迟线替代了延迟移位寄存器,相关求和不是在基带上而是在射频上完成的。

从接收机开始接收发送来的扩频信号,到 M 级移位寄存器被装载完扩频码序列的 M 个码元,要花费的时间为 MT_s,T_s 是每级延迟移位寄存器装载一个码元的时间,由于一个寄存器寄存一码元,所以 $T_s = T_c$。因此,扩频码序列的最小同步捕获时间就是 M 级移位寄存器的装载时间,即

$$T_{\text{AC,min}} = MT_s \qquad\qquad (5-15)$$

而最大同步捕获时间

$$T_{\text{AC,max}} = MT_s + (N-1)T_c \qquad (5-16)$$

因此,延迟相关捕获法的平均同步捕获时间为

$$\overline{T}_{\text{AC}} = MT_s + \frac{(N-1)T_c}{2} \qquad (5-17)$$

因为 $T_s = T_c$,一般取 $r < M < N/2$,所以有

$$\overline{T}_{\text{AC}} = \left(M + \frac{N-1}{2}\right)T_c < NT_c \qquad (5-18)$$

显然,延迟相关捕获法的平均同步捕获时间比用 $2N$ 个相关器的同步捕获时间长,但设备量大为减少。而延迟相关捕获法的平均同步捕获时间比相位搜索捕获法的平均同步捕获时间短,而设备量并没有很大的增加。因此,延迟相关捕获法也是一种有效的扩频码序列的同步捕获法。

5.4 基于 FFT 的频域码捕获

时域的卷积运算可以用频域的相乘运算来代替,而本地扩频码与接收信号的相关运算就是卷积运算,因此,可以采用基于 FFT 的频域捕获方法,对本地扩频码与接收信号先做 FFT,然后对频域相乘结果做逆 FFT。这实质上是一种基于循环卷积的码并行搜索算法,通过并行运算减少相关运算所耗费的捕获时间。其捕获原理框图如图 5 - 6 所示,其中 $|\bullet|$ 表示取模值。

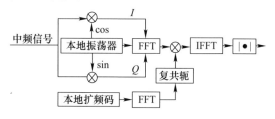

图 5 - 6　FFT 频域捕获

设本地信号为 $x(n)$，接收信号为 $s(n)$，则两者的相关函数为

$$r(m) = \sum_{n=0}^{N-1} s(n+m)x(n) \qquad (5-19)$$

则 $r(m)$ 的离散傅里叶变换可表示为

$$
\begin{aligned}
R(k) &= \sum_{m=0}^{N-1}\sum_{n=0}^{N-1} s(n+m)x(n)\mathrm{e}^{-\mathrm{j}2\pi km/N} \\
&= \sum_{m=0}^{N-1} s(n+m)\mathrm{e}^{-\mathrm{j}2\pi k(m+n)/N}\sum_{n=0}^{N-1} x(n)\mathrm{e}^{\mathrm{j}2\pi km/N} \\
&= S(k) \cdot X^{*}(k) \qquad\qquad (5-20)
\end{aligned}
$$

式中：$*$ 表示求共轭；$S(k)$ 和 $X(k)$ 分别为接收信号 $s(n)$ 和 $x(n)$ 的离散傅里叶变换。由式(5-20)可以看出，两个序列 $s(n)$ 和 $x(n)$ 在时域做相关运算，相当于它们的离散傅里叶变换 $S(k)$ 和 $X(k)$ 在频域内做共轭乘积运算。于是，乘积 $S(k) \cdot X^{*}(k)$ 的离散傅里叶反变换正好是 $s(n)$ 与 $x(n)$ 在各个码相位处的相关值，即

$$r(m) = \mathrm{IDFT}\{\mathrm{DFT}[r(n)] \cdot \mathrm{conj}[\mathrm{DFT}(x(n))]\} \qquad (5-21)$$

扩频接收机通过傅里叶反变换计算得到相关值 $r(m)$，然后接下来的同步检测就同串行捕获法一样，即找出在所有搜索单元中自相关幅值的峰值，并将该峰值与捕获门限比较。若峰值超过捕获门限，则说明捕获了扩频信号，并且也获得了该信号的频率和码相位两个参数。

基于 FFT 的频域捕获法通过将时域的相关运算转化为频域的乘积运算，提高了捕获速度，但在频域上仍然需要采用频率扫描的策略进行多普勒搜索，不是完全并行的捕获方法。另外，在搜索一个频带时，它需要完成两次傅里叶变换和一次反傅里叶变换计算，所需的运算量较大，在工程实现中占用的硬件资源较多。

5.5 基于 PMF + FFT 的码捕获

5.5.1 算法原理

首先分析长度为 N 的匹配滤波器的输出情况。天线接收的信号

经过下变频,以 T_c 为采样间隔进行采样后的数字中频信号为

$$S(n) = Ad(n)C(n)\mathrm{expj}\left[2\pi(f_{\mathrm{IF}} + f_{\mathrm{D}})nT_c + \phi\right] \quad (5-22)$$

式中:A 为接收到信号的幅度;$d(n)$ 为调制的数据码;$C(n)$ 为 C/A 码;f_{IF} 为中频频率;f_{D} 为多普勒频率;ϕ 为接收信号的初相位。

在与本地载波 NCO 相乘后,进入匹配滤波器,考虑一个码周期信号,假设在该码周期内不存在数据码翻转,则匹配滤波器的归一化输出表示为

$$G_{\mathrm{MF}} = \left| \frac{1}{N}\sum_{k=0}^{N-1} C(k)C(k-n)\mathrm{expj}(2\pi k F_{\mathrm{D}}T_c + \Delta\phi) \right| \quad (5-23)$$

式中:N 为一周期 C/A 码采样点数;T_c 为采样间隔;$\Delta\phi$ 为相移。由于频率偏移比相位偏移的影响更为显著,不失一般性,可以假定相位偏移量为零。当匹配滤波器本地伪码与接收信号伪码同步时,$C(k)C(k-n) = 1$。对式(5-23)进行简化可得

$$G_{\mathrm{MF}} = \left| \frac{1}{N}\sum_{k=0}^{N-1} \mathrm{expj}(2\pi k F_{\mathrm{D}}T_c) \right| \quad (5-24)$$

累加后,表示成关于 F_{D} 的函数,即

$$G_{\mathrm{MF}}(F_{\mathrm{D}}) = \left| \frac{1}{N} \frac{\sin(\pi N F_{\mathrm{D}}T_c)}{\sin(\pi F_{\mathrm{D}}T_c)} \right| \quad (5-25)$$

PMF – FFT 原理如图 5 – 7 所示。部分匹配滤波器组由 X 个长度为 $M(N = XM,N$ 为一个码周期的总采样点数$)$ 的子匹配滤波器组成。将 X 个部分匹配滤波器输出的相关值进行 K 点 FFT 处理,选取 FFT 处

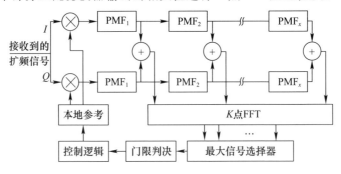

图 5 – 7 基于 PMF – FFT 伪码捕获的捕获原理

理输出中幅值最大的峰值与预设的门限进行比较,然后控制本地参考信号的产生。

当本地伪码与接收信号伪码同步时,根据式(5-25),第 i 个部分匹配滤波器归一化输出为

$$
\begin{aligned}
G_{\mathrm{MF}}(i) &= \frac{1}{M} \sum_{m=(i-1)M}^{iM-1} \mathrm{expj}(2\pi m F_{\mathrm{D}} T_{\mathrm{c}}) \\
&= \frac{1}{M} \frac{\sin(\pi M F_{\mathrm{D}} T_{\mathrm{c}})}{\sin(\pi F_{\mathrm{D}} T_{\mathrm{c}})} \mathrm{expj}[2\pi(i-1)M F_{\mathrm{D}} T_{\mathrm{c}}] \quad (5-26)
\end{aligned}
$$

由式(5-26)可知,每个部分匹配滤波器输出相关值相差为 $2\pi M F_{\mathrm{D}} T_{\mathrm{c}}$,对式(5-26)进行 $K(K \geqslant X, K=2^m)$ 点 FFT 功率谱分析,归一化输出为

$$
G_{\mathrm{PMF-FFT}} = \left| \frac{1}{N} \frac{\sin(\pi M F_{\mathrm{D}} T_{\mathrm{c}})}{\sin(\pi F_{\mathrm{D}} T_{\mathrm{c}})} \sum_{i=0}^{X-1} \mathrm{expj}(2\pi i M F_{\mathrm{D}} T_{\mathrm{c}}) W_K^{ni} \right| \quad (5-27)
$$

式(5-27)中,FFT 旋转因子 $W_K^{ni} = \mathrm{expj}(-2\pi ni/K)$,$W_X^{ki}$ 的引入实际上起到了补偿多普勒频移的作用。将式(5-27)表示为关于多普勒频率 F_{D} 和 FFT 频率点 n 的函数,即

$$
G_{\mathrm{PMF-FFT}}(F_{\mathrm{D}}, n) = \frac{1}{N} \left| \frac{\sin(\pi M F_{\mathrm{D}} T_{\mathrm{c}})}{\sin(\pi F_{\mathrm{D}} T_{\mathrm{c}})} \right| \left| \frac{\sin(\pi N F_{\mathrm{D}} T_{\mathrm{c}} - \pi nX/K)}{\sin(\pi M F_{\mathrm{D}} T_{\mathrm{c}} - \pi n/K)} \right| \quad (5-28)
$$

$G_{\mathrm{PMF-FFT}}(F_{\mathrm{D}}, n)$ 表示多普勒频移 F_{D} 对 FFT 第 n 点输出幅值的影响。其最大值对应的频点即为多普勒频率值。通过最大值对应 n 的位置,估算 F_{D},得

$$
F_{\mathrm{D}} = \frac{n}{KX T_{\mathrm{c}}} \quad (5-29)
$$

其频率分辨率为

$$
\Delta f = \frac{1}{KX T_{\mathrm{c}}} \quad (5-30)
$$

5.5.2 PMF-FFT 幅频特性

PMF-FFT 算法在相关积分时间上比串行捕获或码相位并行捕获等常规方法缩短了 $1/X$,因此在相同捕获判决门限情况下,其频率分析范围扩大了 X 倍,可以对高动态扩频信号所对应的大多普勒频移进行

大步进搜索,甚至于一步估计。图 5 - 8 反映了 PMF - FFT 捕获方案与常规捕获方案的幅频特性曲线比较。

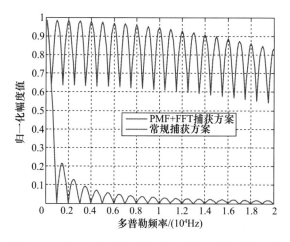

图 5 - 8   PMF - FFT 捕获方案与常规捕获方案幅频特性曲线比较(见彩图)

由图 5 - 8 可知:常规捕获方案随多普勒频移的增大,相关峰值迅速下降,当多普勒频移为 1kHz 时峰值趋于零;而 PMF - FFT 快速捕获方案相关峰值下降趋势大大减缓。因此,高动态环境下,常规捕获方案在频率搜索上不得不以小于 1kHz(通常小于 500Hz)的步进逐步消除多普勒频移的影响,直到本地载频调整到与接收频率之差小于 1kHz,才能正常捕获到相关峰。频率的步进搜索将大大增加捕获时间,从而使频率估计值与实际频率差值越来越大。而 PMF - FFT 频率分析范围通常为几十至上百千赫,对频率能一步捕获。另外,PMF - FFT 快速捕获方案保留了匹配滤波器快速搜索相位的思想,可以在一个 C/A 码周期内对接收到的扩频信号完成相位搜索。也就是说,PMF - FFT 快速捕获方案由于将码相位、频率的二维串行搜索变成码相位串行、载波并行搜索,理论上一个码周期即可估计出多普勒频率和码相位,捕获时间极小,符合高动态环境下对扩频信号快速捕获的要求。

5.5.3   PMF - FFT 系统仿真

仿真中的扩频信号以 GPS C/A 码信号为例。GPS 中频信号由

MATLAB仿真产生,载波采用近似零中频0.42MHz,C/A码频率1.023MHz,信号采样频率20.48MHz,载噪比43dBHz。部分匹配滤波器长度为32,FFT点数为64。在PMF – FFT捕获前,先进行10倍抽取积分 – 梳状级联(CIC)滤波预处理,将采样频率降为2.048MHz。分别仿真PMF – FFT快速捕获接收机在多普勒频移为1kHz与20kHz环境下的捕获情况,如图5 – 9所示。

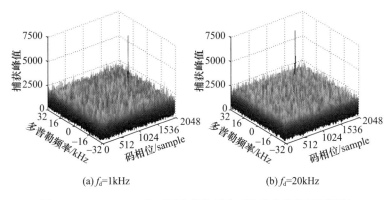

(a) f_d=1kHz   (b) f_d=20kHz

图5 – 9   PMF – FFT在不同多普勒频移下的捕获情况(见彩图)

从图5 – 9(a)可以看出,当多普勒频移为1kHz时,其捕获峰值为7270.263,相应的噪声均值为1545.501,峰值噪声比为4.800,可以很好地完成GPS信号捕获。当接收机载体处于高动态环境时,如图5 – 9(b)所示,多普勒频移达到20kHz。此时,PMF – FFT捕获峰值相较于1kHz时稍有下降,为7173.839,相应噪声均值1584.318,其峰值噪声比为4.528,仍能在一个伪码周期(1ms)实现快速捕获。

5.5.4   PMF长度与数量对捕获性能的影响

仍以GPS信号为例,设信号采样频率为2.048MHz,则一个C/A码周期数据点为2048。为了分析比较不同规模的PMF对PMF – FFT快速捕获方案的影响,采用以下几组情况进行比较。

A:$M = 256, X = 8$ D:$M = 32, X = 64$

B:$M = 128, X = 16$ E:$M = 16, X = 128$

C:$M = 64, X = 32$ F:$M = 8, X = 256$

其中:M 为 PMF 长度,X 为 PMF 个数,且 $MX = 2048$。

下面分析不同 PMF 规模的 PMF - FFT 方案对多普勒频移的抵抗能力,如图 5 - 10 和图 5 - 11 所示。

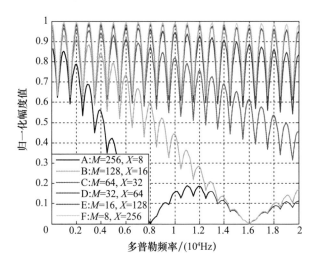

图 5 - 10 多普勒频移对不同规模 PMF - FFT 幅频特性的影响(见彩图)

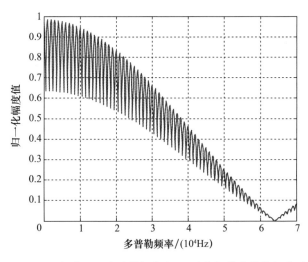

图 5 - 11 部分匹配滤波器长度为 32 时的频谱多普勒频移对
PMF - FFT 幅频特性的影响(见彩图)

70

从图 5-10 可以看出,随着多普勒频移的增大,各种方案的归一化幅值均呈不同程度衰减。但部分匹配滤波器长度越短,受多普勒频移影响越小。当部分匹配滤波器长度为 256 时,其理论上多普勒频移分析范围为 8kHz;而部分匹配滤波器长度为 32 时,归一化幅值衰减大大减弱,其多普勒频移分析范围最大能达到 64kHz,如图 5-11 所示。因此,从抵抗载体动态引起的多普勒频移的角度来说,匹配滤波器长度越短越好。但是,匹配滤波器长度越短,要求 FFT 运算点数越多,而每次 FFT 运算的间隔时间却越少,给硬件带来的运算压力也越大。因此,从硬件运算压力角度考虑,匹配滤波器长度不宜过短。另外,FFT 运算点数直接影响到频率捕获分辨率。若不考虑 FFT 运算补零,可得

$$\Delta f = f_s / N = 1\text{kHz} \qquad (5-31)$$

式中:f_s 为信号采样频率;N 为每个码周期的数据点数。因此,可以看出,不同规模的部分匹配滤波器虽然面临的 FFT 运算压力不同,但其频率分辨率均为 1kHz。

对于 2 倍码钟采样(约为 2.046MHz),综合考虑多普勒频移分析范围、频率捕获精度和硬件运算压力,一般选择匹配滤波器的长度为 30~60。此时多普勒频移分析范围达到 30kHz(对应速度 6000m/s)以上,理论捕获时间为 1ms,频率分辨率约为 1kHz(后续将通过细捕等方案改进),硬件运算压力适中,能很好地满足高动态环境下的捕获需求。

第6章　直扩序列码跟踪

6.1　跟踪锁相环

跟踪锁相环是一个能跟踪输入信号相位的闭环自动控制系统。本节主要介绍锁相环的基本原理和一些性能参数。

6.1.1　锁相环基本原理

锁相环路是一个相位跟踪系统,设输入信号为

$$u_i(t) = U_i \sin[\omega_i t + \theta_i(t)] \tag{6-1}$$

式中:U_i 为输入信号的幅度;ω_i 为载波角频率;$\theta_i(t)$ 为以载波相位 $\omega_i t$ 为参考的瞬时相位。

若输入信号是未调载波,则 $\theta_i(t)$ 为常数,是 $u_i(t)$ 的初始相位;若输入信号是角调制信号(包括调频调相),则 $\theta_i(t)$ 是时间的函数。设输出信号为

$$u_o(t) = U_o(t) \cos[\omega_0 t + \theta_0(t)] \tag{6-2}$$

式中:$U_o(t)$ 为输出信号的幅度;ω_0 为环内被控振荡器的自由振荡角频率,它是环路的一个重要参数;$\theta_0(t)$ 为以自由振荡的载波相位 $\omega_0 t$ 为参考的瞬时相位,在未受控制以前它是常数,在输入信号的控制下,$\theta_0(t)$ 为时间的函数。由于锁相环是一个相位控制系统,输入信号 $u_i(t)$ 对环路起作用的是它的瞬时相位,它的幅度通常是固定的。因此,希望通过建立输出信号的瞬时相位与输入信号瞬时相位间的控制关系来分析信号的捕获跟踪过程。

从输入信号加到锁相环路的输入端开始,一直到环路达到锁定的全过程,称为捕获过程。一般情况,输入信号频率 ω_i 与被控振荡器自

由振荡频率 ω_0 不同,即两者之差 $\Delta\omega_0 \neq 0$。若没有相位跟踪系统的作用,两信号之间相差 $\theta_e(t) = \Delta\omega_0 t + \theta_i(t) - \theta_0(t)$ 将随时间不断增长。如果固有频差在一定范围内,可以依靠锁相环的相位跟踪作用,使得输出信号的频率接近输入信号的频率,到两者相等的时候,相位就不再增长,而固定在一个小的范围 $2n\pi + \varepsilon_{\theta_e}$ 内,其中 ε_{θ_e} 是一个很小的量,这个过程就称为捕获过程。

捕获状态终了,环路的状态稳定为

$$\begin{cases} |\theta(t)| \leqslant \varepsilon_{\Delta\omega} \\ |\theta(t) - 2n\pi| \leqslant \varepsilon_{\Delta\omega} \end{cases} \qquad (6-3)$$

这就是同步状态的定义。实际运行中的锁相环路,输入相位是变化的。经过环路的跟踪作用,输出相位跟随输入相位变化,其中相差也会随时间变化。由式(6-3)所定义的同步状态可知,只要在整个过程中跟踪的相差符合式(6-3),那么称环路处于同步状态。

进一步讨论,在输入频率固定的情况下,当环路进入同步状态后,输入信号与输出信号间频差等于零,相差等于常数。这种状态称为锁定状态。

从上面的分析可以看到,环路有两种基本的工作状态:捕获过程和同步状态。评价捕获过程性能有两个主要指标。一个指标是环路的捕获带 $\Delta\omega_p$,即环路能通过捕获过程而进入同步状态所允许的最大固有频差 $|\Delta\omega_0|_{\max}$。若 $\Delta\omega_0 > \Delta\omega_p$,环路就不能通过捕获进入同步状态。另一个指标是捕获时间 T_p,它是环路由起始时刻 t_0 到进入同步状态时刻 t_a 之间的间隔。捕获时间 T_p 的大小不仅与环路参数有关,还与起始状态有关。一般情况下输入,起始频差越大,T_p 也就越大。通常以起始频差等于 $\Delta\omega_p$ 来计算最大捕获,把它作为环路的性能指标之一。

6.1.2 环路组成

锁相环路是一个相位的负反馈控制系统,主要由三个重要的部分组成:鉴相器(PD)、环路滤波器(LF)、压控振荡器(VCO),其基本框图如图 6-1 所示。

图 6 - 1　锁相环基本框图

1. 鉴相器

鉴相器是一个相位比较装置,用来检测输入信号相位 $\theta_1(t)$ 与反馈信号相位 $\theta_2(t)$ 之间的相位差 $\theta_e(t)$。输出的误差信号 $u_d(t)$ 是相差 $\theta_e(t)$ 的函数,即 $u_d(t) = f[\theta_e(t)]$。u_d 可以是多种多样的,有正弦形特性、三角形特性、锯齿形特性等。常用的正弦鉴相器可用模拟相乘器与低通滤波器的串接作为模型。其模型如图 6 - 2 所示。

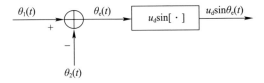

图 6 - 2　正弦鉴相器模型

设相乘器的相乘系数为 K_m,输入信号 $u_i(t)$ 与反馈信号 $u_o(t)$ 相乘后得

$$K_m u_i(t) u_o(t) = K_m U_i(t) \sin[\omega_0 t + \theta_1(t)] U_o(t) \cos[\omega_0 t + \theta_2(t)]$$
$$= \frac{1}{2} K_m U_i U_o \sin[2\omega_0 t + \theta_1(t) + \theta_2(t)] +$$
$$\frac{1}{2} K_m U_i U_o \sin[\theta_1(t) - \theta_2(t)] \qquad (6-4)$$

鉴相器输出信号经 LF 滤除高频分量后剩下 $u_d(t) = \frac{1}{2} K_m U_i U_o \sin[\theta_1(t) - \theta_2(t)]$,令 $\theta_e(t) = \theta_1(t) - \theta_2(t)$,得到 $u_d(t) = U_d \sin\theta_e(t)$,于是鉴相器输出电压与输入相位差的关系即鉴相器特性,如图 6 - 3 所示。

鉴相器是多种多样的,总的来说可以分为两类。第一类是相乘电路,它是输入信号波形相乘积进行平均,从而获得直流的误差输出,以

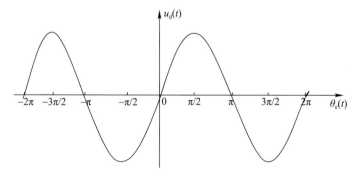

图 6 – 3　鉴相器特性

上分析的就属于相乘类型。第二类是时序电路,它的输出电压是输入信号过零点与反馈电压过零点之间时间差的函数。这类鉴相器的输出只与波形的边沿相关,通常采用方波,在数字电路里使用。

鉴相器性能要求主要体现在其特性曲线的形状,鉴相范围要大,线性范围要达到一定要求。此外,输出电压的幅值、工作频率、输入输出阻抗等参数在实际应用中也是需要考虑的。

2. 环路滤波器

环路滤波器具有低通特性,它可以起到低通滤波器的作用。更重要的是它对环路参数调整起着决定性的作用。环路滤波器是一个线性电路,在时域分析中可用一个传输算子 $F(p)$ 来表示,其中 $p(=d/dt)$ 是微分算子。在频域分析中可用传递函数 $F(s)$ 表示,其中 $s(a+j\Omega)$ 是复频率,若用 $s=j\Omega$ 代入 $F(s)$ 就得到它的频率响应 $F(j\Omega)$。

下面介绍几种常见的环路滤波器。

1) RC 积分滤波器

这是结构最简单的低通滤波器,电路构成如图 6 – 4 所示。

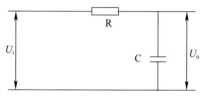

图 6 – 4　RC 积分滤波器

RC 积分滤波器传输算子为

$$F(p) = \frac{1}{1 + p\tau_1} \qquad (6-5)$$

式中：$\tau_1 = RC$ 是时间常数，这是这种滤波器唯一可调的参数。令 $p = j\Omega$，即可得滤波器的频率特性，它具有低通特性，且相位滞后。当频率很高时，幅度趋于零，相位滞后接近 $\pi/2$，即

$$F(j\Omega) = \frac{1}{1 + j\Omega\tau_1} \qquad (6-6)$$

2）无源比例积分滤波器

如图 6-5 所示，它与 RC 积分滤波器相比，附加了一个与电容器串联的电阻 R_2，这样就增加了一个可调参数，它的传输算子为

$$F(p) = \frac{1 + p\tau_2}{1 + p\tau_1} \qquad (6-7)$$

式中：$\tau_1 = (R_1 + R_2)C$；$\tau_2 = R_2C$。这是两个独立的可调参数，其频率响应为

$$F(j\Omega) = \frac{1 + j\Omega\tau_2}{1 + j\Omega\tau_1} \qquad (6-8)$$

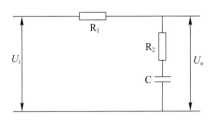

图 6-5　无源比例积分滤波器

由频率传输函数可以分析，这个滤波器具有低通滤波特性，与 RC 积分滤波器不同的是，当频率很高时，其输出电压为 $R_2/(R_1 + R_2)$，等于电阻分压比，这就是滤波器的比例作用。从相频特性上看，当频率很高时，相位具有超前校正作用，这是由于频率响应函数具有 $1 + j\Omega\tau_2$ 这个相位超前因子决定的，这对系统的稳定性是有益的。

3）有源比例积分滤波器

有源比例积分滤波器由运算放大器组成,它的传输算子为

$$F(p) = -A \frac{1 + p\tau_2}{1 + p\tau_1} \qquad (6-9)$$

式中:$\tau_1 = (R_1 + AR_1 + R_2)C$;$\tau_2 = R_2C$;$A$ 为运算放大器无反馈时的电压增益。若运算放大器的增益 A 很高,则 $F(p) \approx -\frac{1 + p\tau_2}{pR_1\tau_1}$。该传输算子的分母中只有一个 p,是一个积分因子,故高增益的有源比例积分滤波器又称为理想积分滤波器。显然,A 越大就越接近理想积分滤波器。此滤波器的频率响应为

$$F(j\Omega) = \frac{1 + j\Omega\tau_2}{j\Omega\tau_1} \qquad (6-10)$$

可见,它也具有低通和比例作用,相频特性也有超前校正。

4）压控振荡器

压控振荡器是一个电压—频率变换装置,在环中作为被控振荡器,它的振荡频率随输入控制电压 $u_c(t)$ 线性变化。

由于压控振荡器的输出反馈到鉴相器上,对鉴相器输出误差电压 $u_d(t)$ 起作用的不是频率,而是相位,因此有

$$\begin{cases} \int_0^t \omega_v(\tau)\,\mathrm{d}\tau = \omega_0 t + K_0 \int_0^t u_c(\tau)\,\mathrm{d}\tau \\ \theta_2(t) = K_0 \int_0^t u_c(\tau)\,\mathrm{d}\tau \\ \theta_2(t) = \frac{K_0}{p} u_c(t) \end{cases} \qquad (6-11)$$

压控振荡器的数学模型如图 6-6 所示。从模型上看,压控振荡器具有一个积分因子 $1/p$,这是相位与角频率之间的积分关系形成的。

环路中要求压控振荡器输出是相位,因此,这个积分作用是压控振荡器固有的。正因为这样,通常压控振荡器是环路中的固有积分环节。这个积分作用在环路中起着相当重要的作用。

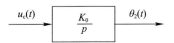

图 6-6 压控振荡器数学模型

将上述环路三个基本部分的模型连接起来,得到锁相环的相位模型如图 6-7 所示。

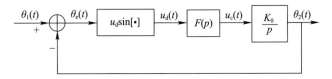

图 6-7 锁相环相位模型

6.1.3 环路的跟踪性能

环路在锁住后,输入相位可能会发生变化,这就要求环路能跟踪相位的变化。假如在整个过程中,相差都在一个小的范围内,则认为鉴相器工作在线性的范围内。这种可以将环路近似为线性系统的跟踪过程称为线性跟踪。为了简化分析,以理想二阶环为例,输入为相位跳变。其他的情况可以根据类似的方法进行分析。对鉴相器进行线性化后,动态方程为

$$s\theta_e(s) = s\theta_1(s) - KF(s)\sin\theta_e(s) \tag{6-12}$$

环路的线性相位模型如图 6-8 所示。

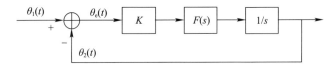

图 6-8 环路线性相位模型

根据图(6-8)可求出系统的闭环传输函数为

$$H(s) = \frac{KF(s)}{s + KF(s)} \tag{6-13}$$

误差传递函数为

78

$$H_e(s) = \frac{s}{s + KF(s)} \qquad (6-14)$$

将 LF 滤波器传输函数代入系统传入函数,可以看到系统是一个二阶系统,该系统函数用 jΩ 代替 s 并经过化简整理得到

$$\frac{U_o(j\Omega)}{U_i(j\Omega)} = \frac{\omega_n^2}{-\Omega^2 + j2\xi\omega_n\Omega + \omega_n^2} \qquad (6-15)$$

式中:ω_n 为二阶系统的无阻尼振荡频率;ξ 为阻尼系数。

输入信号为相位阶跃信号时,有

$$\theta_1(t) = \Delta\theta \cdot \varepsilon(t) \qquad (6-16)$$

傅里叶变换为

$$\theta_1(s) = \frac{\Delta\theta}{s} \qquad (6-17)$$

由该信号引起的相差信号的傅里叶变换为

$$\begin{cases} \theta_e(s) = \dfrac{s^2}{s^2 + 2\xi\omega_n s + \omega_n^2} \cdot \dfrac{\Delta\theta}{s} \\[3mm] \theta_e(s) = \dfrac{s\Delta\theta}{(s-s_1)(s-s_2)} = \dfrac{A}{s-s_1} + \dfrac{B}{s-s_2} \end{cases} \qquad (6-18)$$

可见,$\theta_e(s)$ 的傅里叶变换有两个极点。

再来分析一下系统的稳态误差,即是系统稳定后的状态,其中一个重要指标就是系统稳态相位误差,即

$$\theta_e(\infty) = \lim_{t \to \infty} \theta_e(t) \qquad (6-19)$$

利用终值定理,有

$$\theta_e(\infty) = \lim_{s \to 0} s\theta_e(s) \qquad (6-20)$$

通过以上分析,可以作如下总结:

(1)对于同一环路来说,输入信号变化越快,跟踪性能越差。例如一阶环能锁定相位阶跃信号,但是它就不能锁定频率斜升信号。

(2)同一信号加入不同的锁相环,其稳态误差是不同的。其性能取决于环路的"型"而不是环路的"阶"。

(3)关于环路的"阶"与"型",由终值定理可以看到,环路的稳态

相差跟 $\theta_e(s)$ 在原点的零点数目(开环传递函数在原点的极点数目)有关。而环路的"型"则是指开环函数在原点的极点数目。

6.2 扩频码跟踪处理方案

6.2.1 基带复信号处理

在直接序列扩频接收机中,跟踪模块通常包括多个跟踪通道,以实现对多个扩频信号的同时跟踪。每个跟踪通道完成对一个扩频信号的载波跟踪和码跟踪,同时解调出扩频码的调制信息。图6-9为跟踪模块的结构框图,各跟踪通道彼此独立,具有相同的功能定义,主要完成载波跟踪和码跟踪,并进行数据解调、比特位同步、C/N_0 估计等。

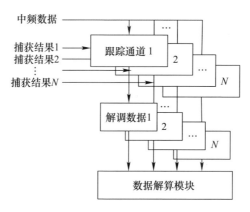

图 6-9 跟踪模块结构框图

载波跟踪环路采用锁频环(Frequency Lock Loop,FLL)和锁相环(Phase Lock Loop,PLL)分别实现载波频率和载波相位的跟踪;码跟踪环路采用延迟锁定环(Delay Lock Loop,DLL)实现对 C/A 码相位变化的跟踪。只有当本地载波 NCO 产生的载波信号与接收信号的频率和相位都对准,同时本地码发生器产生的本地码与输入信号的码相位没有偏移时,方能实现数据的解调和解扩。

接收机射频模块输出的中频信号经 ADC 采样后送入基带信号处

理模块。由于 ADC 采样通常为高速采样,为避免计算负担过重,通常在跟踪模块之前对输入数据进行降采样处理。要实现降采样处理,需先把接收的中频信号搬移到基带上,然后再进行降采样操作,才能保证降采样后的数据频谱不会出现混叠。这样在基带上的处理均以复信号的形式完成,称为基带复信号处理方案。对应的功能框图如图 6 – 10 所示。

图 6 – 10 中,中频信号通过下变频和降采样处理后,得到的基带数据为一组复信号;本地载波 NCO 根据鉴频/鉴相的结果产生一组对应的复载波信号,与基带信号进行复数乘,将残留多普勒频率去除。去载波后的信号分别取实部和虚部与本地码相乘完成解扩,解扩数据经过一个码周期时间的积分 – 清零(Integral – Dump,I – D)处理,得到当前码相位条件下的相关结果。在解扩过程中,本地码发生器分别产生超前码(Early Code)、即时码(Prompt Code)和滞后码(Late Code),其中超前、滞后码分别与即时码相差 1/2 个码片延时(或 1/4、1/8 等,不同的码片间隔对应不同的跟踪性能)。这三组伪码分别与去载波信号进行按位相乘并累积,得到三个码相位条件下的相关结果。I_Prompt 和 Q_Prompt 送入 FLL/PLL 进行鉴频/鉴相处理,鉴别结果通过环路滤波器后得到一个载波频率的修正值,该值送入载波 NCO 修正载波频率,最终实现载波频率和相位的同步与跟踪。I_Early、Q_Early、I_Late 和 Q_Late 送入 DLL 进行码相位的鉴别处理,鉴别结果通过环路滤波器后得到一个码相位的修正值,该值送入码发生器修正码相位,最终实现码相位的同步和跟踪。

输入信号可以表示为

$$x(n) = A \cdot C(n) \cdot D(n) \cdot \cos\left[(\omega_{IF} + \Delta\omega)n + \theta\right] + n_0 \quad (6 – 21)$$

式中:A 为信号幅度;$C(n)$ 为扩频码;$D(n)$ 为数据码;ω_{IF} 为中频载波频率;$\Delta\omega$ 为多普勒频偏;θ 为载波初始相位;n_0 为各种干扰信号和高斯白噪声。为了实现下变频操作,本地需产生载波信号 $\cos(\omega_{IF}n)$ 和 $-\sin(\omega_{IF}n)$,并与输入信号进行混频,分别得到同相、正交两路信号,即

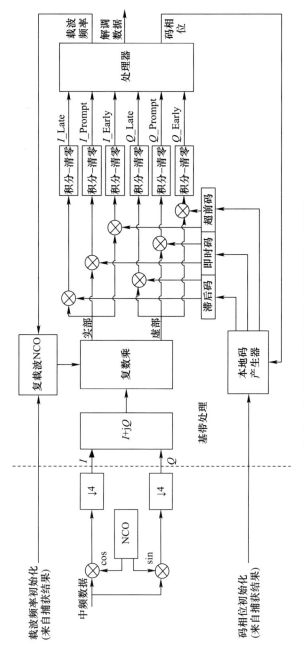

图 6 - 10 基于复信号处理的跟踪通道功能框图

82

$$y_I(n) = x(n)\cos(\omega_{\text{IF}}n)$$
$$= 0.5AC(n)D(n)\cos(\Delta\omega n + \theta) + 0.5AC(n)D(n)\cos[(2\omega_{\text{IF}} +$$
$$\Delta\omega)n + \theta] + \cos(\omega_{\text{IF}}n)n_0 \qquad (6-22)$$

$$y_Q(n) = x(n)[-\sin(\omega_{\text{IF}}n)]$$
$$= 0.5AC(n)D(n)\sin(\Delta\omega n + \theta) - 0.5AC(n)D(n)\sin[(2\omega_{\text{IF}} +$$
$$\Delta\omega)n + \theta] - \sin(\omega_{\text{IF}}n)n_0 \qquad (6-23)$$

以上两式中的和频项将在降采样前被低通滤波器滤除,而 I、Q 两路的差频信号构成去载波后仅残留多普勒频率的复信号,可以表示为

$$y = 0.5A \cdot C(n) \cdot D(n) \cdot \cos(\Delta\omega n + \theta) + n_{0i} + \text{j}[0.5A \cdot C(n) \cdot$$
$$D(n) \cdot \sin(\Delta\omega n + \theta) + n_{0q}]$$
$$= 0.5A \cdot C(n) \cdot D(n) \cdot e^{\text{j}(\Delta\omega n + \theta)} + (n_{0i} + \text{j}n_{0q}) \qquad (6-24)$$

由式(6-24)得知,只需要本地载波 NCO 产生复载波信号 $e^{-\text{j}(\Delta\omega n + \theta)}$,即可完成去载波,同时本地码发生器产生与输入信号同步的扩频码 $C(n)$,最终得到解调信号 $0.5A \cdot D(n)$。其中,本地载波频率和相位值由 FLL/PLL 跟踪给出,本地码发生器的码相位值由 DLL 跟踪给出。解调和解扩过程可表示为

$$y \cdot e^{-\text{j}(\Delta\omega n + \theta)} \cdot C(n) = 0.5A \cdot C(n) \cdot D(n) \cdot e^{\text{j}(\Delta\omega n + \theta)} \cdot e^{-\text{j}(\Delta\omega n + \theta)} \cdot C(n) +$$
$$(n_{0i} + jn_{0q}) \cdot e^{-\text{j}(\Delta\omega n + \theta)} \cdot C(n)$$
$$= 0.5A \cdot D(n) + n_0' \qquad (6-25)$$

6.2.2 中频实信号处理

基于复信号处理的方案中,实现复数乘需要 4 个实数乘和两个实数加。在运算资源受限的情况下,为进一步减少计算负担的方法,可以考虑基于中频实信号处理的方案,即只用一路信号(实信号)进行下变频处理,在采样率选取合适的情况下,仅会有很少量的频率信号出现混叠,对性能影响不大,仍然可以恢复出调制的数据信息。

中频实信号处理方案对应的功能框图如图 6-11 所示。

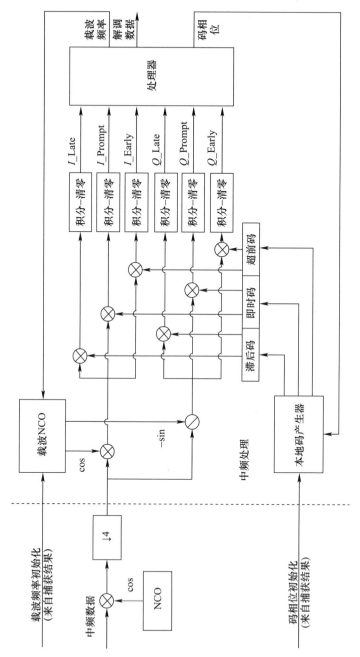

图 6 - 11 基于实信号处理的跟踪通道功能框图

84

图 6-11 中,输入的中频信号与同频率的本地载波相乘,进行下变频处理,得

$$y(n) = x(n) \cdot \cos(\omega'_{IF} n)$$
$$= 0.5A \cdot C(n) \cdot D(n) \cdot \cos[(\omega_{IF} - \omega'_{IF} + \Delta\omega)n + \theta] +$$
$$0.5A \cdot C(n) \cdot D(n) \cdot \cos[(\omega_{IF} + \omega'_{IF} + \Delta\omega)n + \theta] + \cos(\omega'_{IF} n) \cdot n_0$$

$$(6-26)$$

倍频信号 $0.5A \cdot C(n) \cdot D(n) \cdot \cos[(\omega_{IF} + \omega'_{IF} + \Delta\omega)n + \theta]$ 在降采样过程中被低通滤波器滤除,而残留项为中频频率 $\Delta\omega_{IF} = \omega_{IF} - \omega'_{IF}$ 的载波调制信号和噪声项,重新整理后可表示为

$$y(n) = 0.5A \cdot C(n) \cdot D(n) \cdot \cos[(\Delta\omega_{IF} + \Delta\omega)n + \theta] + n'_0$$

$$(6-27)$$

该信号与本地载波产生的同相路信号 $\cos[(\Delta\omega_{IF} + \Delta\omega)n + \theta]$ 及正交路信号 $-\sin[(\Delta\omega_{IF} + \Delta\omega)n + \theta]$ 分别相乘,同时与本地码发生器产生的扩频码相乘完成解扩,得到两组信号,即

$$y(n) \cdot \cos[(\Delta\omega_{IF} + \Delta\omega)n + \theta] \cdot C(n)$$
$$= \{0.5A \cdot C(n) \cdot D(n) \cdot \cos[(\Delta\omega_{IF} + \Delta\omega)n + \theta] + n'_0\} \cdot$$
$$\cos((\Delta\omega_{IF} + \Delta\omega)n + \theta) \cdot C(n)$$
$$= 0.5A \cdot D(n) + 0.5A \cdot D(n) \cdot \cos[2(\Delta\omega_{IF} + \Delta\omega)n + 2\theta] +$$
$$C(n) \cdot \cos((\Delta\omega_{IF} + \Delta\omega)n + \theta) \cdot n'_0 \qquad (6-28)$$

$$y(n) \cdot \{-\sin[(\Delta\omega_{IF} + \Delta\omega)n + \theta]\} \cdot C(n)$$
$$= \{0.5A \cdot C(n) \cdot D(n) \cdot \cos[(\Delta\omega_{IF} + \Delta\omega)n + \theta] + n'_0\} \cdot$$
$$\{-\sin((\Delta\omega_{IF} + \Delta\omega)n + \theta)\} \cdot C(n)$$
$$= -0.5A \cdot D(n) \cdot \sin[2(\Delta\omega_{IF} + \Delta\omega)n + 2\theta] - C(n) \cdot$$
$$\sin((\Delta\omega_{IF} + \Delta\omega)n + \theta) \cdot n'_0 \qquad (6-29)$$

由于积分 - 清零处理相当于一个低通滤波器,上两式中的倍频项 $0.5A \cdot D(n) \cdot \cos[2(\Delta\omega_{IF} + \Delta\omega)n + 2\theta]$ 与 $-0.5A \cdot D(n) \cdot \sin[2(\Delta\omega_{IF} + \Delta\omega)n + 2\theta]$ 将在积分 - 清零操作中被滤除。这样,同相支

路仅剩调制的数据信息和噪声项,正交支路仅剩噪声项,该架构的跟踪链路可以正确解调出所需的数据信息,并完成其他相关操作。

接收信号完成积分－清零后进入扩频信号的码跟踪环和载波跟踪环,跟踪处理方案流程如图6－12所示。

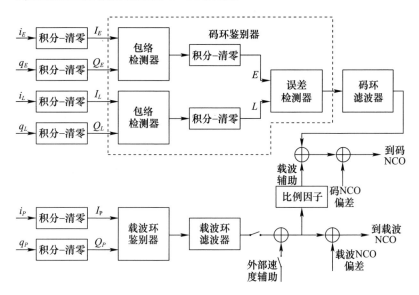

图6－12 码跟踪处理方案流程

6.3 载波跟踪环

载波跟踪包括载波频率的跟踪和载波相位的跟踪。载波跟踪的目的是实现对接收数据中扩频信号的载波频率和相位的跟踪,从而产生与调制载波同频同相的相干载波,以完成载波同步和相干解调。

通常载波频率跟踪采用锁频环(FLL),相位跟踪采用锁相环(PLL)。由于捕获模块只能提供粗略的载波频率,所以需先采用FLL对载波频率值进行精确跟踪,待频率跟踪达到一定精度,继而切换到PLL跟踪载波相位的变化,最终实现本地载波与接收信号频率和相位的同步,以获得解调的导航数据。相应的载波跟踪结构框图如图6－13所示。

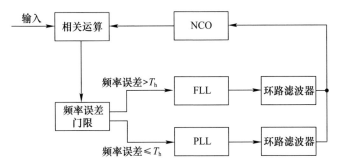

图 6 - 13　载波跟踪模块结构框图

　　本节将详细叙述 FLL、PLL 的设计方法,其中包括鉴频器、鉴相器以及环路滤波器等。同时,为了应对高动态的载波跟踪,设计实现了一种 FLL 与 PLL 相结合的跟踪链路,能够有效跟踪多普勒频率的高速变化,在后续内容中将会分别详细说明。

6.3.1　锁频环(FLL)

　　FLL 使多普勒频率的初始估计更加精确,并跟踪未来的变化。这时,FLL 产生一个正弦载波,并保持其频率与接收的载波频率一致。讨论 FLL 时,假设输入信号已完成解扩操作,剥去了伪码序列。以实信号输入为例,其结构框图如图 6 - 14 所示,这种结构的跟踪环路称为科斯塔斯(COSTAS)环。

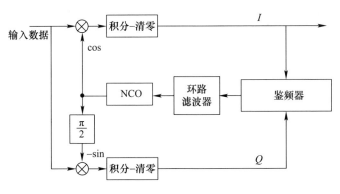

图 6 - 14　FLL 结构框图

设输入信号为

$$x(t) = D(t) \cdot \cos(\omega_{IF} t + \theta) + n_0 \qquad (6-30)$$

NCO 产生的载波信号频率为 $\hat{\omega}_{IF}$，其产生的正弦信号和余弦信号分别与输入信号相乘，然后经积分 – 清零处理，由前面分析可得，经过积分 – 清零后的数据可以表示为

$$\begin{cases} y_i(t) = 0.5D(t) \cdot \cos[(\omega_{IF} - \hat{\omega}_{IF})t + \theta] + n'_{0i} \\ y_q(t) = 0.5D(t) \cdot \sin[(\omega_{IF} - \hat{\omega}_{IF})t + \theta] + n'_{0q} \end{cases} \qquad (6-31)$$

然后将 $y_i(t)$ 和 $y_q(t)$ 输入至鉴频器，用来估计当前信号残留载波的频率值，估计值通过环路滤波器滤除噪声的影响后，用来调整本地 NCO 在下一时刻的频率输出，以完成对载波信号频率变化的跟踪。

1. 鉴频器

鉴频原理描述如下：设复信号 $z(t) = y_i(t) + j \cdot y_q(t) = D \cdot e^{j(wt+\theta)}$，其中同相、正交信号分别为

$$\begin{cases} y_i(t) = D\cos(\omega t + \theta) \\ y_q(t) = D\sin(\omega t + \theta) \end{cases} \qquad (6-32)$$

令 t_1 时刻的载波相位 $\theta_1 = \omega t_1 + \theta$，$t_2$ 时刻的载波相位 $\theta_2 = \omega t_2 + \theta$，则有

$$\begin{aligned} z(t_2) \cdot z^*(t_1) &= [y_i(t_2) + j \cdot y_q(t_2)] \cdot [y_i(t_1) - j \cdot y_q(t_1)] \\ &= [y_i(t_1) \cdot y_i(t_2) + y_q(t_1) \cdot y_q(t_2)] + \\ &\quad j[y_q(t_2) \cdot y_i(t_1) - y_i(t_2) \cdot y_q(t_1)] \\ &= D \cdot e^{j\theta_2} \cdot D \cdot e^{-j\theta_1} \\ &= D^2 \cdot e^{j(\theta_2 - \theta_1)} \end{aligned} \qquad (6-33)$$

设

$$\text{cross} = y_q(t_2) \cdot y_i(t_1) - y_i(t_2) \cdot y_q(t_1) \qquad (6-34)$$

$$\text{dot} = y_i(t_1) \cdot y_i(t_2) + y_q(t_1) \cdot y_q(t_2) \qquad (6-35)$$

则有

$$a\tan[2(\text{cross}, \text{dot})] = \frac{\theta_2 - \theta_1}{t_2 - t_1} = \frac{(\omega t_2 + \theta) - (\omega t_1 + \theta)}{t_2 - t_1} = \omega$$

$$(6-36)$$

令 $\Delta t = t_2 - t_1$,对应的各种鉴频法则如表 6 - 1 所列。

表 6 - 1　通用载波频率鉴别器

鉴频法则	频率误差输出	特性
$\dfrac{\text{sign}(\text{dot}) \cdot \text{cross}}{\Delta t}$	$\dfrac{\sin[2(\theta_2 - \theta_1)]}{\Delta t}$	在高信噪比时接近最佳;斜率正比于信号幅度,适中的计算量
$\dfrac{\text{cross}}{\Delta t}$	$\dfrac{\sin[\theta_2 - \theta_1]}{\Delta t}$	在低信噪比时接近最佳;斜率正比于信号幅度的平方;对运算量要求最低
$\dfrac{a\tan[2(\text{cross}, \text{dot})]}{\Delta t}$	$\dfrac{\theta_2 - \theta_1}{t_2 - t_1}$	四象限反正切,最大似然估计;在高低信噪比时均最佳;斜率与信号幅度无关。对运算量要求最高

需要注意的是,鉴频器的鉴频范围与预检测积分时间,即积分 - 清零时间长度相关,锁频环鉴频器的单边鉴频范围均等于预检测带宽的一半。积分 - 清零时间为 1ms,则鉴频范围为 ± 500Hz;如积分 - 清零时间为 10ms,则鉴频范围为 ± 50Hz。在计算资源充足的条件下可选四象限反正切方法实现。若采用前两种鉴频方法,需注意鉴频输出结果要进行斜率对幅度或者幅度平方的归一化。

2. 环路滤波器

环路滤波器用于降低噪声以便在其输出端对原始信号产生精确的估计。环路滤波器的阶数和噪声带宽也决定了环路滤波器对信号的动态响应。环路滤波器的输出信号实际上要与原始信号相减以产生误差信号,误差信号再反馈回滤波器输入端形成闭环过程。二阶环对加速度应力敏感,可以估计相位和相位变化率。一般 FLL 多用二阶环,其中环路滤波器为一阶形式,它可以实现多普勒频率和频率变化率的跟踪。连续系统中二阶环的环路滤波器为

$$F(s) = \frac{s\tau_2 + 1}{s\tau_1} \qquad (6-37)$$

转移函数为

$$H(s) = \frac{2\xi\omega_\text{n}s + \omega_\text{n}^2}{s^2 + 2\xi\omega_\text{n}s + \omega_\text{n}^2} \qquad (6-38)$$

$$\omega_\text{n} = \sqrt{\frac{k_0 k_1}{\tau_1}} \qquad (6-39)$$

$$2\xi\omega_n = \frac{k_0 k_1 \tau_2}{\tau_1} \text{或} \xi = \frac{\omega_n \tau_2}{2} \tag{6-40}$$

式中：ω_n 为固定频率；ξ 为阻尼因数。因此，可得噪声带宽为

$$B_n = \int_0^\infty |H(\omega)|^2 df = \frac{\omega_n}{2}\left(\xi + \frac{1}{4\xi}\right) \tag{6-41}$$

为了建立数字锁相环，必须将连续系统转变为离散系统，通过双线性变换，使连续的 s 域模型转变为离散的 z 域模型，即

$$s = \frac{2}{t_s} \frac{1 - z^{-1}}{1 + z^{-1}} \tag{6-42}$$

式中：t_s 为采样间隔。将式(6-42)代入式(6-37)，环路滤波器为

$$F(z) = C_1 + \frac{C_2}{1 - z^{-1}} = \frac{(C_1 + C_2) - C_1 z^{-1}}{1 - z^{-1}} \tag{6-43}$$

其中

$$\begin{cases} C_1 = \dfrac{2\tau_2 - t_s}{2\tau_1} \\[2mm] C_2 = \dfrac{t_s}{\tau_1} \end{cases} \tag{6-44}$$

图 6-15 所示为该环路滤波器的示意图。

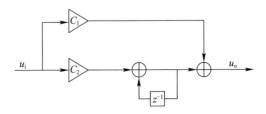

图 6-15　环路滤波器示意图

锁相环中的 VCO 用直接数字频率合成器代替，而它的转移函数为

$$N(z) = \frac{k_1 z^{-1}}{1 - z^{-1}} \tag{6-45}$$

则转移函数可以写为

$$H(z) = \frac{k_0 F(z) N(z)}{1 + k_0 F(z) N(z)} \quad (6-46)$$

将式(6-43)和式(6-45)代入式(6-46)中,有

$$H(z) = \frac{k_0 k_1 (C_1 + C_2) z^{-1} - k_0 k_1 C_1 z^{-2}}{1 + [k_0 k_1 (C_1 + C_2) - 2] z^{-1} + (1 - k_0 k_1 C_1) z^{-2}} \quad (6-47)$$

将式(6-42)中的双线性变换应用到式(6-38)中,有

$$H(z) =$$

$$\frac{[4\xi\omega_n + (\omega_n t_s)^2] + 2(\omega_n t_s)^2 z^{-1} + [(\omega_n t_s)^2 - r\xi\omega_n t_s] z^{-2}}{[4 + 4\xi\omega_n + (\omega_n t_s)^2] + [2(\omega_n t_s)^2 - 8] z^{-1} + [4 - 4\xi\omega_n + (\omega_n t_s)^2] z^{-2}}$$

$$(6-48)$$

令式(6-47)、式(6-48)中的分母多项式相等,可得到

$$\begin{cases} C_1 = \dfrac{1}{k_0 k_1} \dfrac{8\xi\omega_n t_s}{4 + 4\xi\omega_n t_s + (\omega_n t_s)^2} \\[3mm] C_2 = \dfrac{1}{k_0 k_1} \dfrac{4(\omega_n t_s)^2}{4 + 4\xi\omega_n t_s + (\omega_n t_s)^2} \end{cases} \quad (6-49)$$

依据实际工程经验,阻尼系数一般取 $\xi = 0.707$,这个值通常认为接近最佳。在前期进行频率牵引时,可以取 $\xi = 0.9$,以加快响应速度。环路噪声带宽需要折中选取,因为噪声带宽越大,环路的捕获带越宽,动态性能越好,但引入的噪声误差也会随之增加;反之,噪声性能变好,但动态性能随之降低。要尽量在噪声性能和动态性能之间取得平衡。

在 FLL、PLL 以及 DLL 中均采用该结构的环路滤波器,只是针对不同的环路,其输入的估计量不同,输出的调整量也不同,其目的均是使输入误差量通过调整最终收敛于零。对于 FLL,环路滤波器输出调整量为频差估计值,控制器根据该估计量调整本地 NCO 的频率值,最终使本地 NCO 频率与输入信号频率相等,使得鉴频结果维持在零值上,达到频率锁定的目的。

6.3.2　锁相环(PLL)

PLL 控制 NCO,使信号的多普勒估计尽量准确,同时它也使本地

载波的相位与接收信号的相位保持同步。为此,PLL 测量接收信号的频率、相位与本地载波信号的频率、相位之差,并通过调整使该差值逼近于零。该频率差类似于汽车实际速度与期望速度之差;该相位差类似于汽车实际位置与目标位置之差。基于这些差值,调整其控制 NCO来提高或者降低它的频率。对于 PLL 而言,其不会突然改变本地载波信号的相位,而是通过简单控制频率的方法来实现相位的追踪和同步。除了跟踪频率和相位之外,PLL 也输出导航数据位的估计值。该结构框图如图 6 – 16 所示。

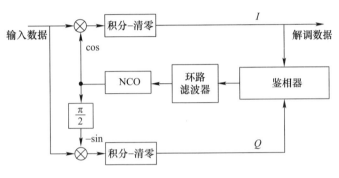

图 6 – 16　PLL 结构框图

与图 6 – 15 相比,PLL 与 FLL 均采用 COSTAS 环的结构,唯一不同之处在鉴别器。FLL 中的鉴别器实现对信号频差的估计,而 PLL 中的鉴别器需要估计输入信号当前相位值。具体的鉴相原理如下所述。当 FLL 完成频率锁定时,式(6 – 32)中的 $\omega = 0$,此时有

$$\begin{cases} y_i(t) = D\cos\theta \\ y_q(t) = D\sin\theta \end{cases} \tag{6–50}$$

则有

$$a\tan[y_q(t), y_i(t)] = a\tan\left(\frac{D\sin\theta}{D\cos\theta}\right) = \theta \tag{6–51}$$

环路滤波器根据估计得到的相位值 θ 给出一个频率调整量:当本地载波相位超前于接收信号相位时,减小载波频率以等待接收信号;当本地载波相位滞后于接收信号相位时,则增大载波频率以追赶接收信号。控制器通过调整本地 NCO 的频率值,最终使本地载波信号的相位

实现与输入信号同相,此时 I 路输出解调数据,而 Q 路则为噪声项。

表 6-2 给出了常用的几种鉴相法则,并列出了各自的性能特性。

表 6-2　常用鉴相法则

鉴相法则	相位误差输出	特性
$sign(I_{PS}) \cdot Q_{PS}$	$\sin(\theta)$	在高信噪比时接近最佳;斜率与信号幅度成正比;运算量要求最低
$I_{PS} \cdot Q_{PS}$	$\sin(2\theta)$	在低信噪比时接近最佳;斜率与信号幅度的平方成正比;运算量要求中等
Q_{PS}/I_{PS}	$\tan\theta$	次最佳,但在高和低信噪比时良好;斜率与信号幅度无关;运算量要求较高,而且必须核查以区分在 $\pm 90°$ 附近时的零误差
$atan(Q_{PS}/I_{PS})$	θ	二象限反正切;在高和低信噪比时最佳(最大似然估计器);斜率与信号幅度无关;运算量要求最高
注:I_{PS} 与 Q_{PS} 分别表示 I 路和 Q 路积分清零模块的输出结果		

如果输入信号的预检测积分时间不跨越数据翻转边界,COSTAS 环路对 I、Q 两路信号的 $180°$ 相位翻转不敏感,即解调出来的数据与输入信号中的导航数据可能存在着 $180°$ 的相位差,所有数据全部反向。但这并不影响最终对调制数据的提取,在后续的同步头匹配与奇偶校验操作时,可以纠正正在此引起的翻转。

PLL 中的环路滤波器采用图 6-15 中所描述的结构。二阶的 PLL 环路能够实现载波相位和相位变化率的跟踪。对于 PLL 中环路滤波器的参数,阻尼系数一般取典型值 $\xi = 0.707$,此时二阶环的阶跃响应上升较快并且过程较小。而噪声带宽可以在前期选择适当大一些,以达到快速捕获的作用;当环路锁定以后,则可切换至较小的噪声带宽下实现精确跟踪。

6.3.3　FLL 辅助 PLL 的高动态信号跟踪

根据接收机端载体的运动速度,可以将扩频接收机分为静态、低动态和高动态几种形式。低动态一般指载体具有较低的速度和加速度。而高动态一般定义为载体具有较高的速度、加速度甚至加加速度。在静态和低动态环境下,前面所述的二阶 FLL 与 PLL 组成的跟踪环路能够很好地完成载波信号的跟踪和导航数据的解调。二阶 FLL 能够跟踪载波频率以及频率的变化率,而二阶 PLL 能够跟踪载波相位以及相位的变化率。当载体具有一定的加速度时,体现在载波频率上的是频率的变化率,此时载波相位以一定加速度变化。要在载体以一定加速度运动的情况下保持信号的跟踪,PLL 要采用足够宽的跟踪环路带宽,才能牵引本地载波频率进入环路跟踪范围。但 PLL 环路带宽越宽,环路对输入噪声的滤除能力越差,结果输出相位噪声方差越大,最终导致 PLL 无法准确跟踪其变化。由此可知,常规结构的 FLL 和 PLL 将无法应对高动态下的信号跟踪。

考虑到 FLL 可以跟踪载波变化率,能在载体具有一定加速度条件下,跟踪载波频率,因此,设计了以下结构的跟踪环路以应对高动态时的信号跟踪。如图 6-17 所示,首先采用 6.3.1 节所述的 FLL 实时跟踪载波频率的变化,使本地载波和接收信号载波频率一致,残余频差和相差依靠后半部分的 PLL 来跟踪。根据实验测试结果,验证了本地载波与接收信号的残余频差一般为几赫甚至更小,对于后半部分的环路,可以采用较窄捕获带的二阶 PLL 来实现。

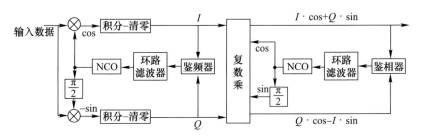

图 6-17　FLL 辅助 PLL 的跟踪环结构

以上结构图中,PLL 的具体实现与传统 PLL 略有不同。PLL 对输入的 I 和 Q 值估计出一个相位角,并将该数据进行反向相位旋转,使 I 路数据为 $0°$ 相角,而 Q 路数据为 $90°$ 相角,这样 I 路将解调出数据,Q 路为噪声项。相位旋转原理如下所述:假设输入信号 I、Q 组成的复信号等价于 $z = I + jQ = A \cdot e^{j\theta}$,环路滤波器估计出一个相位角 θ,送入本地 NCO,NCO 产生一个复信号 $e^{-j\theta} = \cos\theta + j\sin\theta$,将输入信号与本地信号进行复乘处理,得

$$z * e^{-j\theta} = A \cdot e^{j\theta} \cdot e^{-j\theta} = A \qquad (6-52)$$

这样就可以把相位信息去掉,最终得到所需的解调数据。复乘模块的输出为

$$\begin{cases} I_{\text{out}} = I \times \cos\theta + Q \times \sin\theta \\ Q_{\text{out}} = Q \times \cos\theta - I \times \sin\theta \end{cases} \quad (6-53)$$

鉴相器与环路滤波器的设计同 6.3.1 节所述,经过相位旋转后的两路数据通过相位估计,以确定下一时刻的相位旋转量,最终当环路稳定在零相位时,即可得到相位纠正后的解调数据。

6.3.4　无模糊频率辅助(UFA)鉴相器

对于采用 BPSK 调制的扩频信号来说,鉴别器采用四象限的反正切方法对调制数据的相位翻转是敏感的,一般传统的鉴别器均采用二象限反正切或者采用相应的近似方法进行相位估计。由于相位的周期连续特性,导致无记忆的鉴别器无法区分 BPSK 数据翻转而引起的周跳。如果能够消除该模糊度,则可以通过两个不同时间点测量的相位值估计出对应的载波频率值。本节给出一种相位鉴别器—无模糊度频率辅助(Unambiguous Frequency Aided, UFA)相位鉴别器,该鉴别器能够根据传统二象限相位鉴别器的估计结果进行周跳的估计和消除,保证跟踪的相位连续性。

设二象限反正切相位估计器给出的相位误差估计值为

$$e_{\text{p}}[n] = a\tan(Q_{\text{n}}/I_{\text{n}}) = [\Delta\phi[n]]_{\pi} \quad (6-54)$$

式中:$[\cdot]_{\pi}$ 表示通过对 $\Delta\phi[n]$ 的原始值进行 π 的整数倍加、减操作,将 $\Delta\phi[n]$ 控制在 $(-\pi/2, \pi/2)$ 内。假设某信号的相位误差随时间变化在逐渐增大,并将穿过 $\pi/2$。如果采用式(6-54)所示的鉴别器,则其输出将突然跳转到一个距 $-\pi/2$ 很近的某个值上,PLL 的相位演进方向发生翻转。此时,PLL 将在错误的方向上运动,并导致相位误差不断增大。

UFA 相位鉴别器通过增加或者减少整数倍的 π 来修正 $e_{\text{p}}[n]$ 的模糊值。该修正需要依靠连续的之前修正的相位误差值 $e_{\text{U}}[n]$,通过该误差值能够给出正确的频率误差。于是,新的相位误差估计方程定义为

$$e_{\text{U}}[n] = k[n]\pi + e_{\text{p}}[n] \quad (6-55)$$

$k[n]$ 值需使如下等式成立,即

$$I_\pi(e_U[n] - e_U[n-1]) = 0 \tag{6-56}$$

其中定义 $I_\pi(x) = x - [x]_\pi$。因为有

$$I_\pi(x + l\pi) = x + l\pi - [x + l\pi]_\pi = I_\pi(x) + l\pi \quad l \in Z \tag{6-57}$$

计算 $k[n]$ 的实际公式为

$$I_\pi(k[n]\pi + e_p[n] - e_U[n-1]) = k[n]\pi + I_\pi(e_p[n] - e_U[n-1]) = 0 \tag{6-58}$$

于是有 $k[n]\pi = -I_\pi(e_p[n] - e_U[n-1])$。将该结果代入式(6-55),则可得到 UFA 相位误差为

$$e_U[n] = e_p[n] - I_\pi(e_p[n] - e_U[n-1]) \tag{6-59}$$

$$e_U[0] = e_p[0]$$

通过以上修正,得到的相位值应该是连续变化的,而传统的二象限鉴别器输出相位值则在 $\pm 90°$ 内振荡变化,图6-18为分别采用 atan 鉴相器与 UFA 鉴相器得到的输出相位误差比较。其中假设输入信号残留载波频率为 15Hz,本地载波 NCO 频率固定不变,调制数据每 20ms 翻转一次,积分-清零时间为 10ms。由图6-18可知,UFA 鉴相器输出相位是连续的,不会在 $\pm 90°$ 内振荡变化。

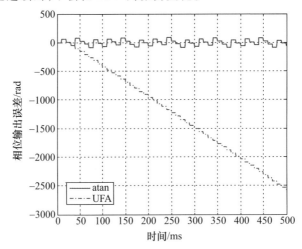

图 6-18　atan 鉴相器与 UFA 鉴相器的输出相位误差比较

6.3.5 基于 UFA 鉴相的频率估计器

传统的鉴频器是通过将前后两个时间点的数据进行共轭相乘求其相位差,然后除以两点的时间间隔得到频率估计值。该方法要求前后两点的数据要保持相位连续,而扩频信号通常都有调制数据,所有在数据位的边缘会发生相位翻转,故鉴频器的操作被限制在 1 个数据位长度内。而 UFA 相位鉴别器能够保持相位误差的连续性,故对于 UFA 相位鉴别器,只需在连续变化的相位曲线上取任意两点求相位差,便能得到对应的频率误差。

传统鉴频器针对弱信号的处理方法一般为:对数据进行相干累积以改善 SNR,前后两段相干累积的数据进行共轭相乘以便进行频率估计。回顾一下鉴频原理:设复信号 $z(t) = y_I(t) + j \cdot y_Q(t) = D \cdot e^{j(\omega t + \theta)}$,其中同相、正交路信号分别为

$$
\begin{cases}
y_I(t) = D\cos(\omega t + \theta) \\
y_Q(t) = D\sin(\omega t + \theta)
\end{cases}
\tag{6-60}
$$

令 t_1 时刻的载波相位 $\theta_1 = \omega t_1 + \theta$,$t_2$ 时刻的载波相位 $\theta_2 = \omega t_2 + \theta$,则有

$$
\begin{aligned}
z(t_2) \cdot z^*(t_1) &= [y_I(t_2) + j \cdot y_Q(t_2)] \cdot [y_I(t_1) - j \cdot y_Q(t_1)] \\
&= [y_I(t_1) \cdot y_I(t_2) + y_Q(t_1) \cdot y_Q(t_2)] + \\
&\quad j[y_Q(t_2) \cdot y_I(t_1) - y_I(t_2) \cdot y_Q(t_1)] \\
&= D \cdot e^{j\theta_2} \cdot D \cdot e^{-j\theta_1} \\
&= D^2 \cdot e^{j(\theta_2 - \theta_1)}
\end{aligned}
\tag{6-61}
$$

设

$$
\mathrm{cross} = y_Q(t_2) \cdot y_I(t_1) - y_I(t_2) \cdot y_Q(t_1)
\tag{6-62}
$$

$$
\mathrm{dot} = y_I(t_1) \cdot y_I(t_2) + y_Q(t_1) \cdot y_Q(t_2)
\tag{6-63}
$$

则有

$$
a\tan[2(\mathrm{cross},\mathrm{dot})] = \frac{\theta_2 - \theta_1}{t_2 - t_1} = \frac{(\omega t_2 + \theta) - (\omega t_1 + \theta)}{t_2 - t_1} = \omega
$$

$$
\tag{6-64}
$$

如果考虑噪声的影响,则有

$$\begin{cases} \tilde{y}_I(t) = y_I(t) + n_I(t) \\ \tilde{y}_Q(t) = y_Q(t) + n_Q(t) \end{cases} \tag{6-65}$$

此时,cross 和 dot 项变为

$$\begin{aligned} \mathrm{cross} = {} & y_Q(t_2) \cdot y_I(t_1) - y_I(t_2) \cdot y_Q(t_1) + \\ & [y_I(t_1)n_Q(t_2) + y_Q(t_2)n_I(t_1) + n_I(t_1)n_Q(t_2) + \\ & y_I(t_2)n_Q(t_1) + y_Q(t_1)n_I(t_2) + n_Q(t_1)n_I(t_2)] \end{aligned} \tag{6-66}$$

$$\begin{aligned} \mathrm{dot} = {} & y_I(t_1) \cdot y_I(t_2) + y_Q(t_1) \cdot y_Q(t_2) + \\ & [y_I(t_1)n_I(t_2) + y_I(t_2)n_I(t_1) + n_I(t_1)n_I(t_2) + \\ & y_Q(t_2)n_Q(t_1) + y_Q(t_1)n_Q(t_2) + n_Q(t_1)n_Q(t_2)] \end{aligned} \tag{6-67}$$

从上面两式可以看出,通过共轭相乘以后,dot 和 cross 的噪声项都被放大了,这对于估计是不利的。如果不采用该方法,而是通过前后两次 UFA 鉴相器求得的相位来估计载波频率,则不存在复乘操作放大噪声的影响。对于单次的相位估计,通过相干累加改善信噪比后采用atan 鉴相,并通过 UFA 修正,最终能得到性能较好的相位估计值。只要保证前后的相位估计值都是准确且不存在周跳,则能得到准确的频率估计值。

下面的实验结果说明了采用 UFA 相位估计值来求频率相对于传统鉴频器的有效性和优越性。仿真条件如下:输入数据为 1bit 量化的16 倍中频数据,经过标准下变频和 4 倍降采样操作后得到 4 倍基带复信号,本地载波 NCO 为 2bit 量化。载波多普勒频率为 2500Hz,且保持不变,C/N_0 为 46dBHz。本地 NCO 的初始载波频率为 2520Hz,且初始相位与输入信号相位相差 90°。频率估计或者相位估计中的积分 – 清零周期为 10ms,假设已知数据比特边界。图 6 – 19 和图 6 – 20 分别给出了 atan 鉴相器和 UFA 鉴相器的相位估计结果。图 6 – 21 为保持本地 NCO 频率不变,连续 5s 分别采用 Cross/Dot 和 UFA 方法进行频率估计的结果。

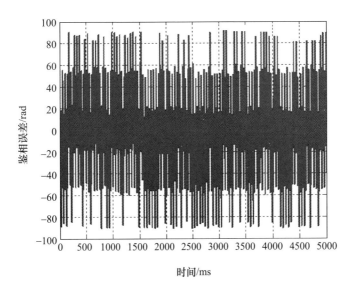

图 6 - 19　atan 鉴相器相位估计结果(见彩图)

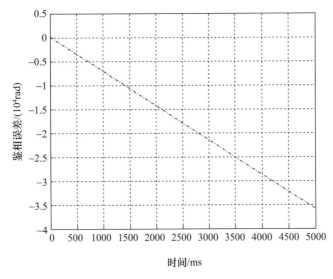

图 6 - 20　UFA 鉴相器相位估计结果(见彩图)

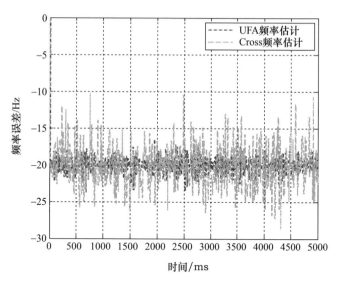

图 6 - 21　Cross/Dot 鉴频结果与基于 UFA 相位估计的鉴频结果比较（见彩图）

图 6 - 19、图 6 - 20 分别是采用 atan 鉴相器和 UFA 鉴相器进行相位鉴别的结果，可以看出 UFA 的估计结果保持了相位变化的连续性。图 6 - 21 为两种频率鉴频器分别得到的频率估计值，可见通过 UFA 修正得到的相位值进行频率估计的误差较小，误差被控制在 4Hz 以内。而采用传统 Cross/Dot 方法得到的频率估计值误差明显要大很多，最大频率估计误差达到近 10Hz。上述结果很好地证明了通过 UFA 相位估计值进行频率估计的有效性和与传统鉴频器相比的优越性。

6.3.6　UFA 鉴频器跟踪性能仿真

本节分别采用基于 UFA 的频率鉴别器和传统的 Cross/Dot 频率鉴别器，在静态、动态和高动态条件下观察跟踪环路的频率跟踪变化情况来对比两种鉴频器的跟踪性能。

具体仿真条件设置如下：输入数据为 1bit 量化的 16 倍中频采样数据，经过标准下变频搬移至基带，此信号为复信号，本地载波 NCO 经过 2bit 量化；环路选取二阶环，环路参数中，噪声带宽 B_n 设为 5Hz，阻尼系数 $\zeta = 0.707$，其余环路参数在每次试验中的设置如表 6 - 3 所列。

表 6 - 3　鉴频器跟踪性能仿真参数设定

条件	环路滤波器增益 k	环路更新周期/ms	载波频差 Δf/Hz	载噪比 (C/N_0)/(dBHz)	多普勒频率变化率/(Hz/s)
静态	5	10	15	30	0
动态	5	20	10	28	2
高动态	1	4	15	34	200

下面比较基于 UFA 的频率鉴别器与传统频率鉴别器在相同环路参数下的跟踪性能。

（1）静态条件下的仿真。其中，$B_n = 5\text{Hz}$，$\zeta = 0.707$，$k = 5$，环路更新周期取 10ms；载波初始频差 15Hz，$C/N_0 = 30\text{dBHz}$。静态条件下基于 UFA 和传统 Cross/Dot 鉴别器的载波频率估计跟踪结果分别如图 6 - 22 和图 6 - 23 所示。

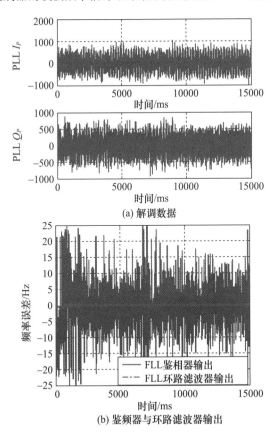

(a) 解调数据

(b) 鉴频器与环路滤波器输出

101

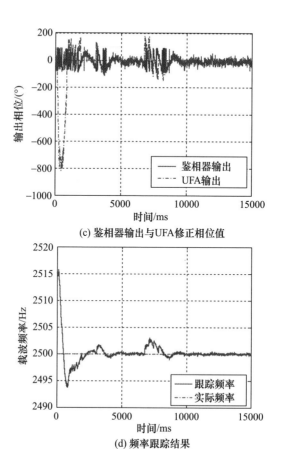

(c) 鉴相器输出与UFA修正相位值

(d) 频率跟踪结果

图 6 - 22　静态条件下基于 UFA 的载波频率估计跟踪结果(见彩图)

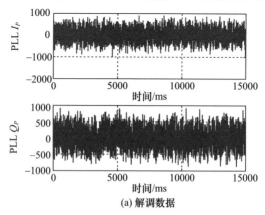

(a) 解调数据

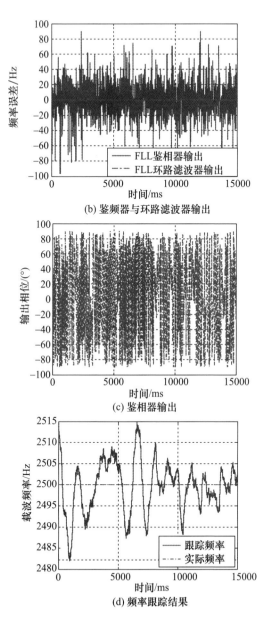

(b) 鉴频器与环路滤波器输出

(c) 鉴相器输出

(d) 频率跟踪结果

图 6-23　静态条件下基于传统 Cross/Dot 鉴别器的载波
频率估计跟踪结果(见彩图)

（2）动态条件下的仿真。其中，$B_n = 5\,\mathrm{Hz}$，$\zeta = 0.707$，$k = 5$，环路更新周期取 20ms；载波初始频差 10Hz，$C/N_0 = 28\,\mathrm{dBHz}$，多普勒变化率等于 2Hz/s。动态条件下基于 UFA 和传统 Cross/Dot 鉴别器的载波频率估计跟踪结果分别如图 6 – 24 和图 6 – 25 所示。

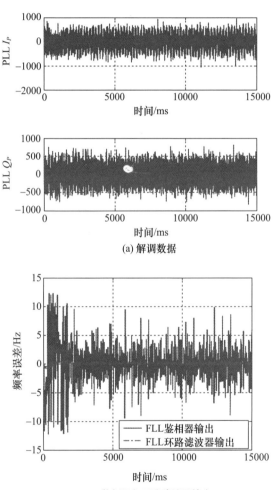

(a) 解调数据

(b) 鉴频器与环路滤波器输出

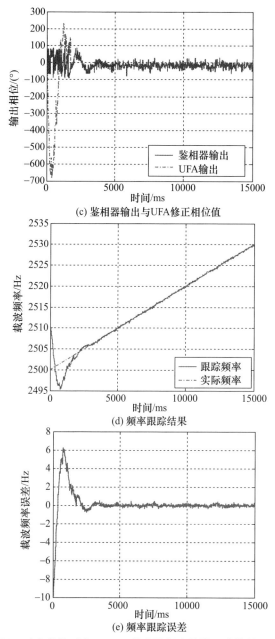

(c) 鉴相器输出与UFA修正相位值

(d) 频率跟踪结果

(e) 频率跟踪误差

图 6 - 24　动态条件下基于 UFA 的载波频率估计跟踪结果(见彩图)

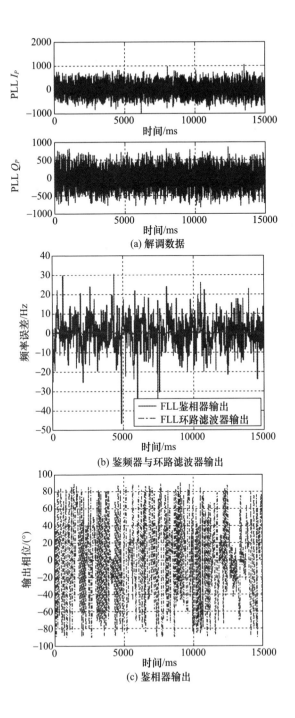

(a) 解调数据

(b) 鉴频器与环路滤波器输出

(c) 鉴相器输出

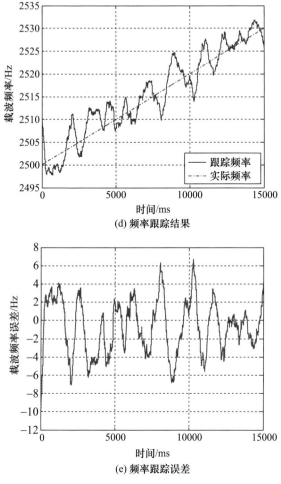

(d) 频率跟踪结果

(e) 频率跟踪误差

图 6-25　动态条件下基于传统 Cross/Dot 鉴别器的
载波频率估计跟踪结果(见彩图)

(3) 高动态条件下的仿真。其中，$B_n = 5\mathrm{Hz}$，$\zeta = 0.707$，$k = 1$，环路更新周期取 4ms；载波初始频差 15Hz，$C/N_0 = 34\mathrm{dBHz}$，多普勒变化率等于 200Hz/s。高动态条件下基于 UFA 和传统 Cross/Dot 鉴别器的载波频率估计结果分别如图 6-26 和图 6-27 所示。

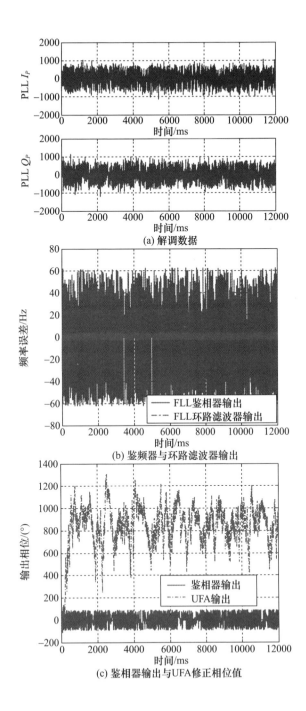

(a) 解调数据

(b) 鉴频器与环路滤波器输出

(c) 鉴相器输出与UFA修正相位值

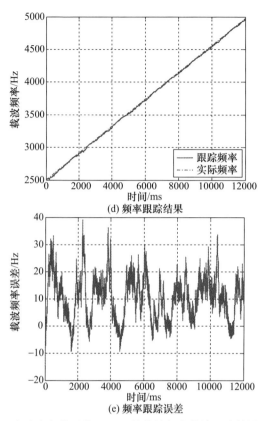

(d) 频率跟踪结果

(e) 频率跟踪误差

图 6 - 26 高动态条件下基于 UFA 的载波频率估计跟踪结果(见彩图)

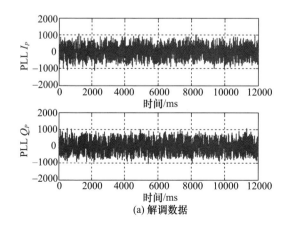

(a) 解调数据

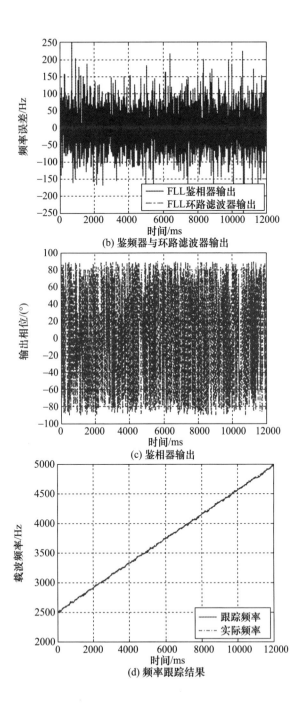

(b) 鉴频器与环路滤波器输出

(c) 鉴相器输出

(d) 频率跟踪结果

110

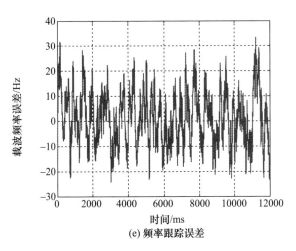

(e) 频率跟踪误差

图 6 - 27　高动态条件下基于传统 Cross/Dot 鉴别器的
载波频率估计跟踪结果(见彩图)

以上一系列仿真结果表明,在相同条件下采用基于 UFA 频率鉴别器的跟踪环路能够很好地跟踪静态和动态甚至高动态条件下的频率变化,虽然传统的 Cross/Dot 频率鉴别器也能实现各种环境下的频率跟踪,但是跟踪精度明显差于 UFA 频率鉴别器的环路跟踪结果。

6.4　直接序列码跟踪环

码跟踪模块主要完成码粗同步后的精确同步功能,捕获模块完成了码域和载波域的初同步功能,码域粗同步完成了一个码片范围内的同步,载波域粗同步完成了卫星信号的载波频率与本地载波频率偏差小于数据速率的初同步。而在码跟踪模块中,完成在码域内小于一个码片的精确同步,实时跟踪卫星的码相位。

捕获模块通过码相位的移位搜索来估计出本地码与接收信号间码相位的偏移值。码跟踪模块则实现码相位变化的跟踪,并且将输入信号的伪码进行剥离,实现数据解扩。跟踪模块在采样 FLL/PLL 实现对载波跟踪的同时,采用延迟锁定环(DLL)实现对码相位的跟踪。DLL 的设计在假设完成载波解调的条件下进行。

6.4.1　延迟锁定环(DLL)

延迟锁定环也称早－晚码跟踪环,其原理图如图6－28所示。环路输入的信号是受伪随机码调制的已完成载波剥离的信号,由同相、正交支路组成。延迟锁定环对接收信号与本地超前码和滞后码进行相关处理。一旦锁定了接收信号,那么早相关器会对相关峰的上升沿进行采样,晚相关器会对相关峰的下降沿进行采样。早相关器与晚相关器采样间的固定时间称为相关器间距d。一个较宽的相关器间距约为一个码宽,即$d = T_c$。有时会采用更窄的间隔,这样DLL环路将具有更好的抗多径性能,该技术称为窄相关(Narrow Correlator)技术,一般早/晚相关器与即时相关器的时间间隔为0.2~0.5个码片。

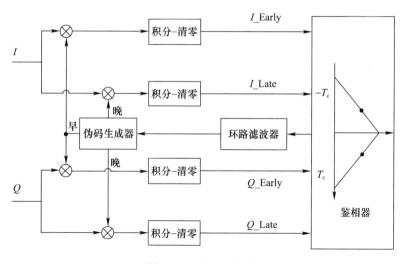

图6－28　DLL原理图

下面分析DLL的跟踪原理。设本地码与接收信号在捕获后的相位差(即时间差)为τ,则$\tau \leqslant T_c$。图6－29(a)和(b)为早晚支路本地码与输入的I、Q两路信号分别相关后,经过包络检波器后得到的相关函数波形。由图中可以看出,两个相关函数特性是相同的,差别在于其相对位置相差一个相关器间隔d。由于即时支路码落后于早支路码$d/2$,因此即时支路相关后的波形如图6－29(c)所示。

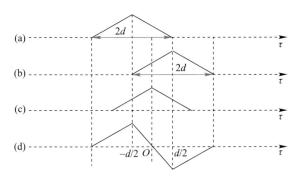

图 6 - 29　早、中、晚支路的相关波形

由图 6 - 29 可以看出：当本地即时码与输入信号完全对准时，上升沿的采样点值与下降沿的采样点值相等；如果即时码超前于接收信号，则早相关结果大于晚相关结果；如果即时码滞后于接收信号，则早相关结果小于晚相关结果。根据该特性，可以将早、晚支路的两个相关器的差动输出信号作为环路滤波器的输入，从而得到 DLL 的误差函数波形，如图 6 - 29(d) 所示。

图 6 - 29(d) 中的 O 点表示即时支路相关值最大的地方，为真正的跟踪点，而环路跟踪范围为图 6 - 29(d) 中 [- d/2, d/2] 间的线性区域。由于跟踪环路的反馈作用，环路输出的误差信号经滤波后，控制 VCO 的输出，从而调整本地伪码发生器的相位，使其与输入信号的剩余相差很小，即 τ 趋近于 0。

为了得到 DLL 的误差函数波形，需要设计早、晚支路相关值的鉴别算法以确定码相位的对准情况。常用于 DLL 的鉴别器如表 6 - 4 所列。

表 6 - 4　通用码鉴别器

鉴别器算法	特性
$\sum (I_E - I_L)I_P + \sum (Q_E - Q_L)Q_P$	点积功率。唯一使用早、晚、即时 3 个相关器的鉴别器。运算量最小。对 1/2 基码的相关器间距，在基码输入误差范围内产生接近真实的误差输出

113

鉴别器算法	特性
$\sum (I_E^2 + Q_E^2) - \sum (I_L^2 + Q_L^2)$	超前减滞后功率。中等运算量。在 $[-1/2, 1/2]$ 基码输入误差范围内与超前减滞后包络本质上有相同的 DLL 鉴别误差性能
$\sum \sqrt{(I_E^2 + Q_E^2)} - \sum \sqrt{(I_L^2 + Q_L^2)}$	超前减滞后包络。较大的计算量。对于 1/2 基码的相关器间距,在 $[-1/2, 1/2]$ 基码输入误差范围内产生好的跟踪误差
$\dfrac{\sum \sqrt{(I_E^2 + Q_E^2)} - \sum \sqrt{(I_L^2 + Q_L^2)}}{\sum \sqrt{(I_E^2 + Q_E^2)} + \sum \sqrt{(I_L^2 + Q_L^2)}}$	被超前加滞后包络所归一化的超前减滞后包络(去掉了幅度敏感性),对 1/2 基码的相关器间距,当输入误差在 $[-1.5, 1.5]$ 基码的范围内产生良好的跟踪误差。当输入误差为 ±1.5 基码时会因为除以 0 而变成不稳定

归一化的超前减滞后包络鉴别器得到广泛的应用,但点积功率鉴别器性能更好而且运算量最小。然而点积鉴别器需要所有三种复数相关器的信号。可以把超前减滞后的本地码综合起来,作为合并的复现信号,这样总共就只需 2 个复数相关器了。具体选取何种鉴别算法可根据运算资源情况做出灵活的选择。

为了减小因形成扩频信号包络(I 和 Q 矢量的幅度)而带来的运算量,常使用近似方法。两个最常用的近似是 JPL 近似和 Robertson 近似。

对 $A = \sqrt{I^2 + Q^2}$ 的 JPL 近似规定为

$$
\begin{cases}
A = X + \dfrac{1}{8}Y & (X \geqslant 3Y) \\[2mm]
A = \dfrac{7}{8}X + \dfrac{1}{2}Y & (X < 3Y) \\[2mm]
X = \mathrm{MAX}(|I|, |Q|) \\[2mm]
Y = \mathrm{MIN}(|I|, |Q|)
\end{cases}
\tag{6-68}
$$

Robertson 近似为

$$A = \text{MAX}(\,|I| + 1/2\,|Q|\,, \,|Q| + 1/2\,|I|\,) \qquad (6-69)$$

JPL 近似法要优于 Robertson 算法,但运算量也较大。

6.4.2　码环的载波辅助

信号上的多普勒效应与信号的波长成反比(与频率成正比),由于 C/A 码的频率为 1.023MHz,在 C/A 码上产生的多普勒频移相当小。而 L1 载波的频率为 1575.42MHz,多普勒的影响主要集中在载频上。在静态或者低动态条件下,可以忽略多普勒效应对 C/A 码频率的影响,对码相位的偏移可以简单认为是超前或者滞后,通过左右移动码片即可完成相位的调整。但是在高动态条件下,C/A 码的频率会发生偏移,而不是固定为 1.023MHz,因此要对 C/A 码的频率变化进行跟踪。此时,对 C/A 码的调整不是使本地码相位在时间上发生突然的相位跳变,而是通过调整码产生器的工作时钟,改变本地 C/A 码的频率。如果本地码超前了,则 DLL 使码产生器减速;如果本地码滞后了,则 DLL 使码产生器加速。这样最终可以保持本地码与接收码的同步。

为了在高动态条件下使 DLL 仍能在很小的噪声带宽下稳定工作,需将载波环滤波器的输出按比例因子调整之后作为辅助量加到码环滤波器的输出端。对于发射端和接收端之间同样的相对速度,在基码速度上的多普勒频率比在射频段载频上的多普勒频率来要小得多,用以补偿这种频率差的比例因子为

$$Q = \frac{R_\text{C}}{f_\text{L}} \qquad (6-70)$$

式中:R_C 为码片速率;f_L 为载波频率。

载波环的输出应总是对码环提供辅助,这是因为载波环的颤动比码环颤动噪声小得多。辅助后,码环路滤波器的阶数可以做得较低,积分时间可以做得较长。而码环带宽比起未经辅助的情况可以做得窄得多。图 6-30 所示为加入载波辅助的 DLL 结构。

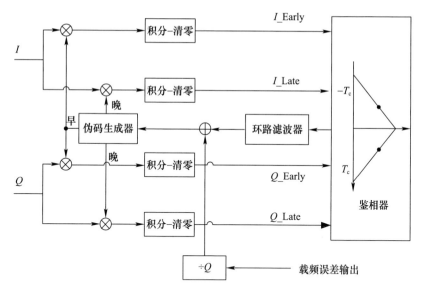

图 6 – 30   载波辅助的 DLL 结构框图

第 7 章　扩频接收机的抗干扰技术

干扰问题是现代通信中的一个重要问题。随着通信种类和通信手段的不断增加,有限的频谱资源变得更加拥挤,使得各种通信方式之间的相互干扰更为严重。同时,现代战争中广泛使用的电子战,不断地研究各种人为的干扰方式和手段,使得通信系统自身必须具备一定抗干扰能力。尽管扩频通信系统本身具有一定的抗干扰能力,但在特殊应用场合,还必须通过研究抗干扰技术来提高系统的抗干扰性能。

7.1　干扰与抗干扰

无线信道中遇到的干扰主要可分为两类:人为干扰和非人为干扰。人为干扰是一种故意的敌对的干扰,其目的在于对敌方的通信实施干扰,使其无法进行正常通信;非人为干扰主要来自自然界的干扰,如太阳、电离层、对流层、随机噪声等,这些干扰是客观存在的,无法消除的,只能对其进行削弱处理。而对于人为干扰,尤其是在军事领域的电子对抗战,由于是故意的,对通信的影响最为强烈,在可靠通信时必须加以消除或削弱。常见的人为干扰主要有三种:压制式干扰、欺骗式干扰和摧毁式干扰,具体分类如图 7-1 所示。

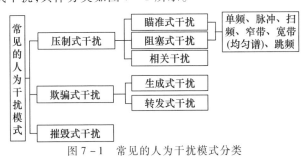

图 7-1　常见的人为干扰模式分类

7.1.1 压制式干扰

压制式干扰是发射强功率干扰信号,迫使扩频接收机饱和或以宽带均匀干扰频谱全面阻塞,使其处于非工作状态,而无法正常接收扩频信号,从而达到干扰的目的。

目前,干扰信号研究的热点是白噪声式的宽带干扰和针对扩频系统信号特性设计的单频或扫频式干扰。压制式干扰又可分为瞄准式干扰、阻塞式干扰和相关干扰。

1. 瞄准式(或连续波)干扰

干扰的目的是用其能量完全掩盖给定的频率范围,从而使接收机不能检测接收到有用信号。为了使干扰起作用,干扰频率必须落在信号的载波频率附近,或正好就在载波频率上。因为扩频系统的信号调制和频谱通常是公开的,所以干扰源的全部功率应尽可能集中在扩频系统的频谱范围内,这种形式的干扰称为瞄准式干扰。

瞄准式干扰主要是针对直接序列扩频通信系统。采用频率瞄准技术,使干扰载频精确瞄准信号载频。干扰机发出同频段的单频信号,单频干扰信号到达扩频用户机与以伪码调制的宽带本振信号混频后,产生宽带干扰信号输出,混频后的宽带干扰信号仅少部分能通过窄带滤波器起干扰作用。因此,瞄准式干扰是最有效、最直接的干扰方式。

2. 阻塞式干扰

阻塞式干扰是一种与扩频系统信号的频谱有相同带宽的伪噪声调制信号。其特点是采用一部干扰机来扰乱该地域内出现的所有同频段的扩频信号,有多种干扰体制:一是单频(窄带)干扰,单频干扰信号到达扩频接收机与以伪码调制的宽带本振混频后,产生宽带干扰信号输出。混频后的宽带干扰信号仅有少部分能通过混频后窄带滤波器起干扰作用。二是宽带干扰,宽带干扰是多信道干扰,它可以干扰某个频段内的所有信道,是全面阻塞干扰的最佳技术。宽带干扰在技术上比跟踪转发式干扰简单,通常有杂音宽带干扰和随机序列调制产生的干扰。如果干扰机采用锯齿宽带调制和噪声窄带相结合的干扰方式,可产生在时域上呈等幅包络的宽带均匀干扰频谱(梳状和连续状),从而实现阻塞式干扰。梳状谱干扰是一种特殊的宽带干扰,适用于多种通信系统,其模型如图 7-2 所示。它是在欲干扰的频带内施放多个窄带干扰信号,其实际干扰带宽为所有窄带干扰带宽的总和。当窄带个数很多时,就相当于宽带干扰。它还可以利用梳状干扰的间隙进行正常通信,所以这种干扰也是一种常用的干扰方式。梳状谱干扰信号的产生有两种方式:

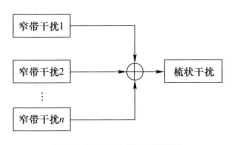

图 7-2 梳状谱干扰模型

(1)将一个窄带信号调制到欲干扰的不同频段上;

(2)采用 AR 信号模型(全极点模型)的方式,即在 AR 信号模型中设置角频率均匀分布的多个极点,然后通过载波调制。

由于只要干扰扩频频带的一半,就可以对扩频通信实现有效的干扰,所以宽带干扰不一定要干扰整个频段。在干扰功率一定的情况下,选取合适的信号阻塞概率,就可以实现最佳干扰。这种干扰也存在着固有的缺点:

(1)施放干扰时,干扰带宽内的所有通信都不能正常通信,干扰敌方的同时,也干扰了己方的通信;

(2)为了在较宽频带上干扰通信,必须使用很大的功率,一定程度上也限制了它的使用。

3. 相关干扰

相关干扰是利用干扰信号的伪码序列与扩频信号的伪码序列有较大的相关性这一特点对扩频系统实施干扰。与不相关干扰相比,它有较多的能量可以通过接收机窄带滤波器,因此,可以以较小的功率实现与其他方式相当的有效干扰。

从干扰效果来看,前两类干扰主要影响接收机输出的噪声电平,相关干扰同时影响相关器输出的噪声电平,并且随着干扰信号与伪码信号互相关性的增强,相关干扰同时影响相关器的输出峰值与噪声电平。

7.1.2 欺骗式干扰

欺骗式干扰是指发射与期望扩频信号参数相同的虚假信号,干扰扩频接收机,使其产生错误的接收信息。欺骗性干扰具有很大的隐蔽性,并且其信号也可以获得与期望扩频信号类似的增益,其干扰功率可以大大降低。以卫星导航信号为例,欺骗式干扰主要通过给出虚假导航信息或者增加信号传播时延,由此又对应于生成式和转发式两种干扰体制。

1. 生成式欺骗干扰

生成式欺骗干扰是由干扰机自主产生的扩频信号,其信号特性与实际期望的扩频信号非常类似,以致接收机无法识别欺骗干扰而锁定在虚假信号上,造成接收机解算得到的电文信息或伪距信息错误或不可靠。从战术应用的层面看,生成式欺骗干扰具有良好的可操作性,欺骗性强,然而生成式欺骗干扰必须掌握期望扩频信号结构,包括扩频码结构、调制的电文信息等内容。对于军事用途的扩频系统来说,大部分的扩频码结构和调制电文信息只对授权用户开放,因而干扰机通常无法对军用扩频接收机实施生成式欺骗干扰。

2. 转发式欺骗干扰

由于生成式欺骗干扰难以对军用接收机进行有效干扰,转发式欺骗干扰就成为主要的欺骗干扰方式。转发式欺骗干扰的工作机理为:干扰机本身不产生干扰信号,它接收实际的扩频信号,然后再高保真地转发出去。对于"转发式"欺骗干扰,由于转发信号的电文内容、信号特性等都与真实信号完全相同,只是信号的传播路径延长了,当扩频接收机跟踪锁定到这种转发的欺骗信号时,就会得到错误的电文和伪距信息。转发式欺骗干扰的产生原理如图7-3所示。

转发式欺骗在实施时也存在弱点:

(1)欺骗信号的时延一定落后于真实信号;

(2)欺骗信号要有效地进入接收通道,并产生欺骗效果,往往需要首先发射强烈的压制干扰,使被欺骗接收机的正常跟踪状态被打断,迫使其重新捕获信号;

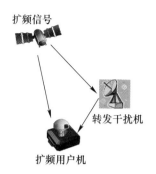

扩频信号

转发干扰机

扩频用户机

图 7 – 3　转发式欺骗干扰产生原理

（3）欺骗方难以控制欺骗结果；

（4）时延滞后、通道失锁等异常等现象可被接收机用来检测欺骗。

7.1.3　摧毁式干扰

在复杂电磁环境中,某些干扰设备的电磁辐射对通信系统的干扰是摧毁性的。例如电磁脉冲武器和高能微波武器,当其电磁辐射能量密度达到一定值时,将使通信系统内的电子元器件失效,甚至使整个系统瘫痪。

当前针对扩频系统的干扰手段,通常是采用多种干扰结合的方式,如以转发式欺骗干扰为主,辅以相关压制式干扰。在一定的重点区域内实施干扰时,还可以通过建立全方位、立体化的分布式干扰网络系统,实现不同时间、不同组合的灵活干扰方式。

7.1.4　抗干扰技术的发展

扩频接收机抗干扰技术的发展趋势大致如下:

（1）时域、频域滤波技术。这种技术是在数字中频域内实现的,采用数字信号处理的方法实现可编程无限冲激响应/有限冲激响应（Infinite Impulse Response/Finite Impulse Response,IIR/FIR）滤波器和相关器。它具有实现简单、价格低廉的特点,能用于窄带噪声干扰和连续波干扰源的情况下,也能用于解决多径效应和回波抵消干扰问题,但缺少在空域中对有用信号和干扰的区分,无法应付多个窄带干扰。

（2）空域滤波技术。将自适应天线阵列应用于扩频接收机,自适应天线阵列包括多个天线元和一个自适应处理器,各个阵元与微波网络以及处理器相连,处理器控制各阵元的增益和相位,使天线方向图能够在干扰方向上产生零点,或在期望信号方向形成主瓣,以达到抵消干扰的目的。

空域滤波技术与单纯的时域、频域技术相比优势明显,且实现简单,计算量小,但存在以下不足:

① 如果阵元数为 M,则该阵列能产生的零陷(Nulling)个数为 $M-1$,这是该阵列所能消除的最大干扰个数;

② 如果某个干扰源与某个扩频信号来向的角度间隔比较小,则针对该干扰形成的空域零陷会造成该方向上的扩频信号衰减,直至不能使用。

（3）空时自适应处理（Space-Time Adaptive Processing,STAP）技术。空时自适应技术是针对空域滤波技术的不足而提出来的。STAP通过在每个天线阵元后增加一个 FIR 滤波器,将一维的时、频域及空域滤波延伸到空间和时间的二维域中,STAP 的处理器根据某一特定自适应算法控制 FIR 滤波器的每个权值系数,从而使天线阵列的方向图根据环境实时变化,抑制干扰。它在不增加天线阵元的前提下,大大提高了阵列的自由度,对窄带干扰的抗干扰能力有了质的提高。

（4）空频自适应处理（Space-Frequency Adaptive Processing,SFAP）技术。将 STAP 中的自适应滤波器从时域改在频域上实现,称为空频自适应处理。对自适应滤波器而言,在频域上实现比在时域上实现的效率会高一些,两者在本质上是一样的,只是处理时 SFAP 需要先对信号做 FFT 转到频域处理,处理完毕后再通过傅里叶逆变换（Inverse FFT,IFFT）转换到时域。

对于一般的扩频接收机来说,射频干扰和多径干扰仍是影响接收机的两个主要因素。而自适应天线阵列则是目前扩频接收机抑制干扰的主要工具,也是抗干扰技术的一个研究趋势。

除了在接收机前端使用自适应天线阵列外,降低接收机的跟踪环路带宽也是一种有效的抗干扰方法。然而为了接收动态性高的扩频信号,接收机的码环和载波环必须保持足够的带宽,以便跟踪信号多普勒频率和伪距变化。在卫星导航领域是采用接收机与惯性测量单元（Inertial Measurement Unit, IMU）或其他器件组合使用的工作方式。本书只考虑在没有外部辅助情况下接收机的抗干扰技术。

7.2 抗窄带干扰技术

7.2.1 算法设计

在抗窄带干扰技术中最常用的技术之一是变换域滤波技术。它主要利用窄带干扰的功率谱集中在很窄的频带内表现为脉冲形状这一特点，通过合适的变换，将干扰映射到很窄的变换域子带，通过设置阈值和门限检测出干扰的位置，然后将干扰位置处的子带分量置零，从而达到减轻或抑制干扰的目的。频域窄带干扰抑制框图如图7-4所示。

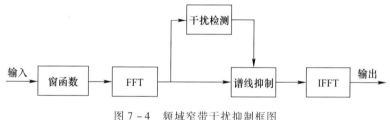

图7-4 频域窄带干扰抑制框图

频域干扰抑制不需要收敛过程，能对快变干扰迅速做出反应，且对干扰的模型不敏感，比较适合用于大功率快时变窄带干扰抑制。但是，频域窄带干扰抑制中采用窗函数会带来加窗损失，同时，在频域扣除干扰谱线也会带来信号的失真。因此，如何降低加窗损失和实现最少干扰谱线点数扣除，是抗干扰扩频接收机设计的关键技术之一。

本节设计了一种基于重叠选择反加窗的频域窄带干扰抑制方法。该方法首先通过重叠选择反加窗的方法降低了卫星信号的失真，提高了干扰抑制相关输出信干比；其次，该方法采用改进的干扰检测门限计算方法，实现了最少干扰谱线点数扣除，降低了窄带干扰抑制对信号与本地伪码自相关特性造成的影响。对于经干扰抑制和重叠处理后的数据,采用反加窗算法,重叠处理可采用重叠选择法,无须采用重叠相加,并且重叠比例可灵活选择。

图 7 - 5 所示为基于反加窗的频域抑制窄带干扰接收机结构,其中两路信号时延差 $N/2$,N 为计算 FFT 的点数。

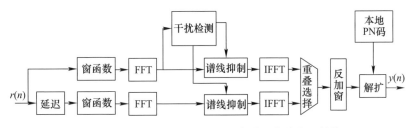

图 7 - 5 基于反加窗的频域抑制窄带干扰接收机结构

7.2.2 MATLAB 性能仿真

仿真过程中,干扰信号分别选择了单频信号和线性调频信号,扩频信号选择北斗导航系统的 B1C 信号,信号干信比均设为 70dB,FFT 点数为 512。窗函数选择了布莱克曼窗进行仿真。仿真结果如图 7 - 6 ~ 图 7 - 10 所示。

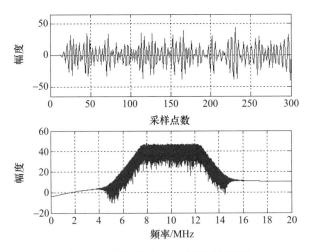

图 7 - 6 原始北斗 B1C 信号(见彩图)

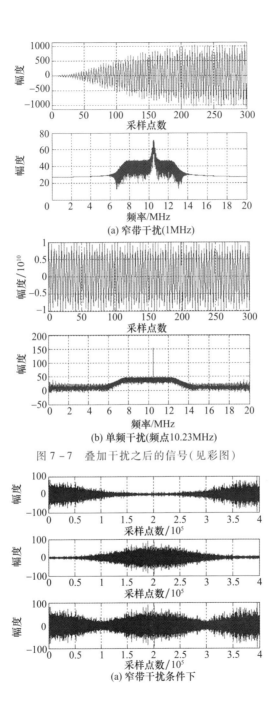

(a) 窄带干扰(1MHz)

(b) 单频干扰(频点10.23MHz)

图 7 - 7　叠加干扰之后的信号（见彩图）

(a) 窄带干扰条件下

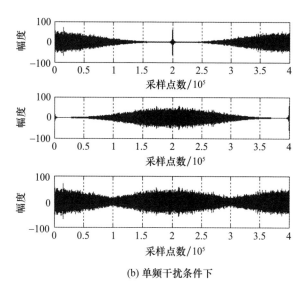

(b) 单频干扰条件下

图 7-8 重叠选择的每段信号(见彩图)

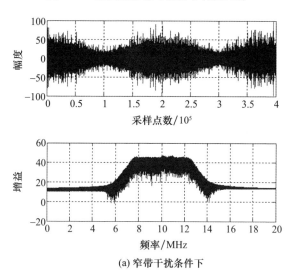

(a) 窄带干扰条件下

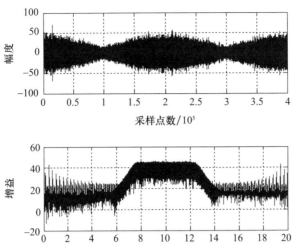

(b) 单频干扰条件下

图 7 - 9 干扰抑制后的频谱(见彩图)

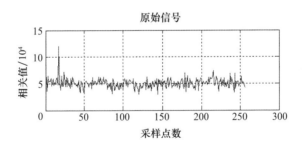

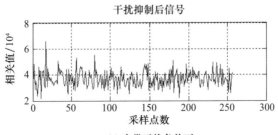

(a) 窄带干扰条件下

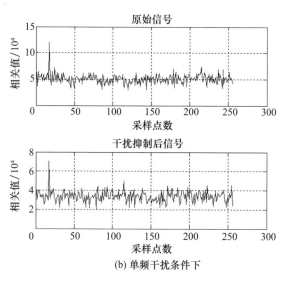

(b) 单频干扰条件下

图 7-10　干扰抑制后相关信号的峰值(见彩图)

从图 7-9 可以看出,算法滤除了信号频谱中的窄带信号。从图 7-10看出,抑制干扰之后,信号的相关峰值仍然可以明显地检测出来,从而能够完成信号的捕获和跟踪。

7.3　抗宽带干扰技术

由于宽带干扰,频谱可能完全或大部分地覆盖扩频信号的频谱,因此单纯的频域干扰消除方法不适合宽带干扰的抑制。扩频系统中抗宽带干扰通常采用空域滤波技术或空时域结合的滤波技术。

空时自适应处理(STAP)是通过空时联合处理多阵元(空域)与多个时域接收到的数据,使干扰抑制在空时二维空间中进行。该技术利用干扰与有用信号空间角度的相互独立,将目标与干扰有效地分离出来,实现滤波。空时自适应算法又可分为有约束和无约束两种:无约束空时自适应算法应用在无先验知识的情况下,即有用信号和干扰信号的来波方向未知,算法的典型代表是最小功率输出法,有约束的自适应算法则根据不同的应用环境,采用不同的约束准则,常见的约束准则主

要包括最小均方误差准则(MMSE)、线性约束最小方差准则(LCMV)、
最大似然(ML)准则、最大输出信噪比准则(MSNR)等。

7.3.1 最小功率输出法

1. 算法原理

无约束空时自适应算法的最佳化准则是使滤波器输出功率最小,
即 $\underset{w}{\mathrm{Min}}P_{\mathrm{out}} = E\{|y(n)|^2\}$。无约束空时处理结构如图 7 – 11 所示。

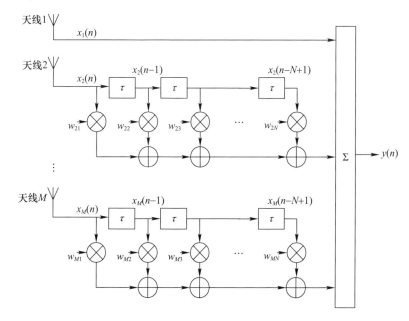

图 7 – 11　无约束空时处理结构

天线阵共有 M 个阵元,第一阵元通道作为主通道,第二至 M 通道
作为辅助通道,每个辅助通道后有一个 N 阶 FIR 滤波器,FIR 滤波器各
抽头输入信号如图 7 – 11 所示。

令输入信号为 $x_1(n),\cdots,x_M(n)$,则阵元 m 后的 FIR 各抽头输入
信号 $x_{m1}(n) = x_m(n),x_{m2}(n) = x_m(n-1),\cdots,x_{mN}(n) = x_m(n-N+1)$。
用 X 表示输入信号矩阵为

$$X = [x_1,x_{21},x_{22},\cdots,x_{2N},\cdots,x_{M1},x_{M2},\cdots,x_{MN}]^{\mathrm{T}} \qquad (7-1)$$

滤波器系数表示为 $\{w_{mn}\}, m = 2, \cdots, M, n = 1, 2, \cdots, N$ 为空时二维权系数。用 $MN \times 1$ 维向量 $\boldsymbol{W}$ 表示处理器权矢量,则有

$$\boldsymbol{W} = [w_{21}, \cdots, w_{2N}, \cdots, w_{M1}, \cdots, w_{MN}]^{\mathrm{T}} \qquad (7-2)$$

最佳化准则可以归结为无约束最佳化问题,即

$$\mathrm{Min}P_{\mathrm{out}} = \mathrm{E}\{|y(n)|^2\}$$

$$= \mathrm{E}\left\{\left|\begin{array}{l} x_1(n) + w_{21}x_2(n) + \cdots + w_{2N}x_2(n-N+1) + \cdots + \\ w_{M1}x_M(n) + \cdots + w_{MN}x_M(n-N+1) \end{array}\right|^2\right\}$$

$$= \mathrm{E}\{|X_1 + W^{\mathrm{H}}X_M|^2\}$$

$$= R_{X_1X_1} + 2W^{\mathrm{H}}R_{X_MX_1} + W^{\mathrm{H}}R_{X_MX_M}W \qquad (7-3)$$

式中:$X_1 = x_1(n)$;$R_{X_1X_1} = \mathrm{E}\{X_1X_1^{\mathrm{H}}\}$;$R_{X_MX_1} = \mathrm{E}\{X_MX_1^{\mathrm{H}}\}$;$R_{X_MX_M} = \mathrm{E}\{X_MX_M^{\mathrm{H}}\}$;$X_1$ 为 $1 \times L$ 的矢量,L 为数据长度。

$$X_M = \begin{bmatrix} x_2(n) \\ x_2(n-1) \\ \vdots \\ x_2(n-N+1) \\ \vdots \\ x_M(n) \\ \vdots \\ x_M(n-N+1) \end{bmatrix}_{(M-1)N \times L} \qquad (7-4)$$

P_{out} 取最小值的最佳权 $\boldsymbol{W}_{\mathrm{opt}}$ 可由令 P_{out} 对 $\boldsymbol{W}$ 的梯度为零求得,即

$$\nabla_W P_{\mathrm{out}} = 2R_{X_MX_1} + 2R_{X_MX_M}W = 0 \qquad (7-5)$$

可得 $\boldsymbol{W}_{\mathrm{opt}}$ 应满足的方程为

$$R_{X_MX_M}W = -R_{X_MX_1} \qquad (7-6)$$

式(7-6)称为正规方程。当 $\boldsymbol{R}_{X_MX_M}$ 为满秩时,正规方程有唯一解,即

$$W_{\mathrm{opt}} = -R_{X_MX_M}^{-1}R_{X_MX_1} \qquad (7-7)$$

这就是无约束空时自适应算法的最优解。

130

2. 性能仿真

1）仿真条件

仿真中信号中心频率 $f_c = 15\text{MHz}$，码速率采用 B3 频点的码速率 10.23MHz，采样率设为 62MHz，方向为（15°，255°），快拍数采用 1000 个点，干扰信号采用和卫星信号相同的中心频率、码速率和带宽。也就是说，三个干扰都为全宽带干扰，唯一不同的是功率，三个干扰干信比分别为 70dB、80dB、90dB。方向分别为（35°，75°），（45°，215°），（75°，255°），前者是俯仰角，后者是方位角。噪声采用常用的高斯白噪声，均值为零，方差为 1。信噪比为 − 20 dB。

2）仿真结果

（1）归一化增益三维图如图 7 − 12 所示。由空时干扰方向图可以看出，采用基于空时的功率倒置算法可以在三个特定方向上产生零陷，这优于单纯的空域抗干扰。

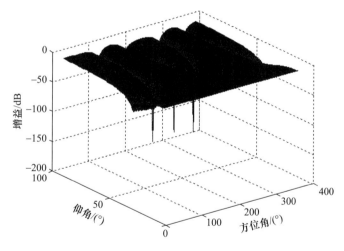

图 7 − 12　天线方向图（见彩图）

（2）归一化增益二维图如图 7 − 13 和图 7 − 14 所示。从图 7 − 13 可以看出，天线阵列在所有的方位角和仰角上，只在仰角 35°、45°、75° 产生了零陷。同样从图 7 − 14 可以看出在所有的仰角和方位角上，只在方位角 75°、215°、255° 上产生了零陷。这和之前设置的三个干扰方向一致。

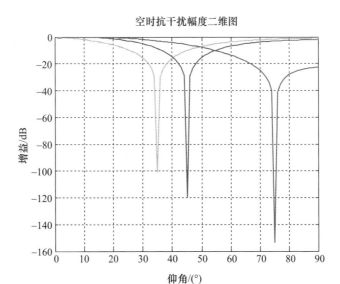

图 7 – 13　不同仰角下的天线增益（见彩图）

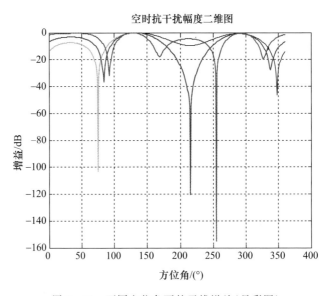

图 7 – 14　不同方位角下的天线增益（见彩图）

7.3.2　基于子空间正交投影与 Max C/N_0 准则组合的抗干扰算法

1. 子空间正交投影

子空间正交投影技术是指利用理想信号与干扰信号互不相关的特性,将接收信号首先分解成两个互相正交的子空间,分别称为信号子空间和干扰子空间,然后再将接收信号投影到信号子空间,投影后得到的信号即为干扰消除后的信号。子空间正交投影原理如图 7 – 15 所示。

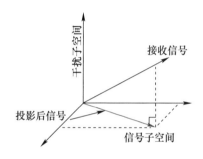

图 7 – 15　子空间正交投影原理

考虑阵元个数为 M 的均匀线性阵列,阵元间距为 d,d 等于扩频信号载波波长的一半,假设阵元之间各向同性。天线阵列接收到的信号经过下变频、采样等处理后的信号模型可表示为

$$X(n) = \sum_{k=1}^{K} s_k(n) a_k(n) + \sum_{l=1}^{L} j_l(n) d_l(n) + N(n) \qquad (7-8)$$

式中:$X(n) = [x_1(n), x_2(n), \cdots, x_M(n)]^{\mathrm{T}}$ 为 M 个阵元上的接收信号矢量;$s_k(n)$ 和 $a_k(n)$ 分别为到达阵列的第 k 个 GNSS 卫星信号的幅度和方向矢量;$j_l(n)$ 和 $d_l(n)$ 分别为第 l 个干扰信号的幅度和方向矢量;$N(n)$ 为附加的高斯白噪声信号,满足均值为 0、方差为 $\delta^2 I_M$;K 和 L 分别为接收到的有用扩频信号个数和干扰信号个数,假设阵元个数大于干扰信号的个数,即 $M > L$。当扩频信号与干扰信号和噪声信号彼此独立时,接收信号的互协方差矩阵 R_{xx} 可表示为

$$R_{xx} = E\{X(n)X^H(n)\} = R_s + R_j + R_N \quad\quad (7-9)$$

式中:$E\{*\}$表示数学期望;H代表 Hermitian 转换;R_s、R_j 和 R_N 分别代表有用信号、干扰信号和噪声信号的协方差矩阵。

R_{xx} 为正定矩阵,对它进行特征值分解可得

$$R_{xx} = \sum_{i=1}^{M} \lambda_i e_i e_i^H \quad\quad (7-10)$$

式中:e_i 为对应于特征值 λ_i 的特征向量,并且 M 个特征向量 $e_1, e_2, \cdots,$ e_M 互相正交,即满足

$$e_i^H e_j = \begin{cases} 1 & i=j \\ 0 & i \neq j \end{cases} \quad\quad (7-11)$$

扩频通信系统中,有用扩频信号的功率远低于背景热噪声的功率,而干扰信号若要对扩频信号进行有效干扰,则其发射功率远大于背景热噪声功率。因而,在接收信号的互协方差矩阵 R_{xx} 中,功率占主导成分的是干扰信号部分。也就是说,对互协方差矩阵 R_{xx} 进行特征值分解后,L 个较大的特征值($\lambda_1, \lambda_2, \cdots, \lambda_L$)对应着空间中 L 个强干扰信号,$M-L$ 个较小特征值($\lambda_{L+1}, \lambda_{L+2}, \cdots, \lambda_M$)对应于背景热噪声和扩频信号。将特征值 λ_i 按从大到小顺序排列,即 $\lambda_1 \geqslant \lambda_2 \geqslant \cdots \geqslant \lambda_M$,则 R_{xx} 可重写为

$$R_{xx} = \sum_{i=1}^{L} \lambda_i e_i e_i^H + \sum_{i=L+1}^{M} \lambda_i e_i e_i^H \quad\quad (7-12)$$

将 L 个较大特征值对应的特征向量扩展构成 $M \times L$ 维的干扰子空间,$M-L$ 个较小特征值对应的特征向量扩展构成 $M \times (M-L)$ 维的信号子空间,分别记为

$$\begin{cases} S_J = [e_1, e_2, \cdots, e_L] \\ S_G = [e_{L+1}, e_{L+2}, \cdots, e_M] \end{cases} \quad\quad (7-13)$$

式中:S_J 为扩展的干扰子空间;S_G 为扩展的信号子空间。由式($7-11$)可知,S_J 与 S_G 彼此正交,记为 $S_J \perp S_G$,因而将接收信号 $X(n)$ 投影到信号子空间 S_G,其中的强干扰信号将被消除。

令 P_G 表示接收信号在信号子空间的投影矩阵,P_G 可以表示为

$$P_G = I - S_J (S_J^H S_J)^{-1} S_J^H \qquad (7-14)$$

其中,假定 S_J 为满秩的干扰子空间矩阵,则 $(S_J^H S_J)^{-1} S_J^H$ 称作 S_J 的 Moore – Penrose 伪逆矩阵。

令 W 表示自适应阵列的权值系数, A 为阵列的导向矢量矩阵,则子空间投影下的最优化权值可表示为

$$W_{opt} = P_G A \qquad (7-15)$$

接收信号经过正交投影后,其输出可表示为

$$y_{sub} = X(n)^H W_{opt} \qquad (7-16)$$

将式(7-8)代入式(7-16),由于干扰信号与有用信号彼此独立,则可得

$$y_{sub} = \left[\sum_{k=1}^{K} s_k(n) a_k(n) + N(n) \right]^H W_{opt} \qquad (7-17)$$

由式(7-17)可知,经过子空间投影后的阵列输出信号已经不再包含强干扰信号成分,干扰信号被有效抑制。

然而,子空间正交处理后,有用的扩频信号仍然深埋于背景噪声之中。子空间正交投影算法虽然能够抑制强干扰信号,但不能给扩频信号带来增益,无法提高信号质量。

2. 基于子空间正交投影与 Max C/N_0 准则组合的算法

阵列信号经过子空间正交投影后已不包含强干扰信号,其输出可表示为 K 个有用扩频信号与高斯白噪声的混合,将式(7-17)重写为

$$y_{sub} = \left[\sum_{k=1}^{K} s_k(n) a_k(n) + N(n) \right]^H P_G \qquad (7-18)$$

式中: y_{sub} 为子空间正交投影后的输出; P_G 为子空间分解得到的信号子空间。将 y_{sub} 送入到空时滤波器中进行加权处理后,可得到 STAP 输出为

$$Y = w^H y_{sub}$$
$$= w^H \left[\sum_{k=1}^{K} s_k(n) a_k(n) + N(n) \right]^H P_G \qquad (7-19)$$

用 S_G 表示扩频信号矢量,即

$$S_G = \sum_{k=1}^{K} s_k(n) a_k(n) \qquad (7-20)$$

代入式(7-19),则 STAP 输出信号又可表示为

$$Y(n) = \boldsymbol{w}^H [S_G + N(n)]^H \boldsymbol{P}_G \qquad (7-21)$$

扩频接收机中,STAP 输出信号被送入基带模块,与本地参考码进行相关运算。设抽样间隔为 T_0,则每次积分时间 T_{int} 内的抽样点数 $N_r = T_{int}/T_0$,由此可得互相关函数为

$$R_{yd}(\tau) = \frac{1}{N_r} \sum_{n=1}^{N_r} Y(n) d_{ref}(nT_0 + \tau) \qquad (7-22)$$

式中:$d_{ref}(nT_0 + \tau)$ 为本地产生的扩频码;τ 为本地扩频码与接收信号的时延。当扩频信号被正确捕获时,时延 τ 趋近于 0,此时互相关函数 $R_{yd}(\tau)$ 的值达到最大。

将式(7-21)代入式(7-22),则有

$$R_{yd}(\tau) = \boldsymbol{w}^H \left[\frac{1}{N_r} \sum_{n=1}^{N_r} [S_G + N(n)]^H d_{ref}(nT_0 + \tau) \right] \boldsymbol{P}_G$$

$$(7-23)$$

令

$$s_G(\tau) = \frac{1}{N_r} \sum_{n=1}^{N_r} S_G d_{ref}(nT_0 + \tau) \qquad (7-24)$$

$$s_N(\tau) = \frac{1}{N_r} \sum_{n=1}^{N_r} N(n) d_{ref}(nT_0 + \tau) \qquad (7-25)$$

则式(7-23)又可以写为

$$R_{yd}(\tau) = \boldsymbol{w}^H s_G^T(\tau) \boldsymbol{P}_G + \boldsymbol{w}^H s_N(\tau) \boldsymbol{P}_G \qquad (7-26)$$

载波-噪声功率谱密度比 C/N_0 等效为

$$C/N_0 = \rho_{SNR} * B_{eqn} \qquad (7-27)$$

而相关积分后信号的 SNR 定义为

$$\rho_{SNR} = \frac{P_d}{P_n} = \frac{P_d}{P_{total} - P_d} \qquad (7-28)$$

式中：P_d 为导航电文功率；P_n 为噪声功率；P_{total} 为信号总功率。

信号功率估计可以表示成数学期望的形式，即

$$\hat{P}_d = |\mathrm{E}\{R_{yd}(\tau)\}|^2 \qquad (7-29)$$

$R_{yd}(\tau)$ 的方差表示时刻 τ 的噪声功率，因而相关后信号的 C/N_0 也可定义为

$$C/N_0 = \frac{1}{T_{int}} \frac{|\mathrm{E}\{R_{yd}(\tau)\}|^2}{\mathrm{var}\{R_{yd}(\tau)\}} \qquad (7-30)$$

由于在式$(7-23)$中，参考码 $d_{ref}(t)$ 是均值为 0 的伪随机扩频码，$N(n)$ 是均值为 0，方差为 σ^2 的高斯白噪声，因而 $R_{yd}(\tau)$ 的均值为

$$\mathrm{E}\{R_{yd}(\tau)\} = E\{\boldsymbol{w}^H \boldsymbol{s}_G^T(\tau) \boldsymbol{P}_G\} \qquad (7-31)$$

$R_{yd}(\tau)$ 的方差为在时刻 τ 的噪声功率，从而式$(7-30)$可表示为

$$
\begin{aligned}
C/N_0 &= \frac{1}{T_{int}} \frac{|\mathrm{E}\{\boldsymbol{w}^H \boldsymbol{s}_G^T(\tau) \boldsymbol{P}_G\}|^2}{\mathrm{var}\{R_{yd}(\tau)\}} \\
&= \frac{1}{T_{int}} \frac{|\boldsymbol{w}^H \boldsymbol{s}_G^T(\tau) \boldsymbol{P}_G|^2}{\mathrm{E}\{|\boldsymbol{w}^H \boldsymbol{s}_N(\tau) \boldsymbol{P}_G|^2\}} \\
&= \frac{1}{T_{int}} \frac{\boldsymbol{w}^H \boldsymbol{P}_G \boldsymbol{s}_G(\tau) \boldsymbol{s}_G^T(\tau) \boldsymbol{P}_G^H \boldsymbol{w}}{\sigma^2 \boldsymbol{w}^H \boldsymbol{P}_G \boldsymbol{P}_G^H \boldsymbol{w}}
\end{aligned} \qquad (7-32)
$$

用 $\boldsymbol{R}_G$ 表示理想扩频信号部分的自相关矩阵，有

$$\boldsymbol{R}_G(\tau) = \boldsymbol{s}_G(\tau) \boldsymbol{s}_G^T(\tau) \qquad (7-33)$$

代入式$(7-32)$，则又可以得到 C/N_0 为

$$C/N_0 = \frac{1}{T_{int}} \frac{\boldsymbol{w}^H \boldsymbol{P}_G \boldsymbol{R}_G(\tau) \boldsymbol{P}_G^H \boldsymbol{w}}{\sigma^2 \boldsymbol{w}^H \boldsymbol{P}_G \boldsymbol{P}_G^H \boldsymbol{w}} \qquad (7-34)$$

这样，求解最优化权矢量可转化为求解特征值的问题，即

$$(\boldsymbol{P}_G \boldsymbol{P}_G^H)^{-1} \boldsymbol{P}_G \boldsymbol{R}_G \boldsymbol{P}_G^H \boldsymbol{w}_0 = \lambda \boldsymbol{w}_0 \qquad (7-35)$$

式中：$\boldsymbol{w}_0$ 为对应于矩阵 $(\boldsymbol{P}_G \boldsymbol{P}_G^H)^{-1} \boldsymbol{P}_G \boldsymbol{R}_G \boldsymbol{P}_G^H$ 最大特征值的特征向量。

由式$(7-35)$可知，组合滤波算法的滤波过程就是通过求出最优化权值矢量 $\boldsymbol{w}_0$，然后利用 $\boldsymbol{w}_0$ 对阵列信号进行加权合并的过程。

在 STAP 抗干扰接收机中执行时，组合滤波算法可分为两个阶段：

子空间正交投影和最大化相关后 C/N_0 约束,其在软件接收机中的工作流程如图 7 – 16 所示。

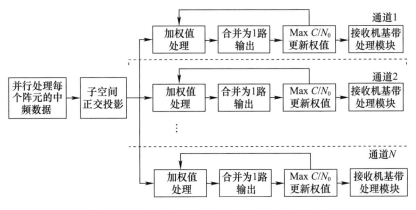

图 7 – 16　组合滤波算法在接收机中的处理流程

在图 7 – 16 中,子空间正交投影消除强干扰后的阵列信号被送到接收机的每个处理通道,每个通道设置一个 STAP 滤波器,子空间信号经过加权处理后合并成 1 路输出,然后进行基带处理和 Max C/N_0 权值更新。其中,STAP 滤波器的权值初始化可设置为阵列的导向矢量矩阵或设为单位矩阵。

需要注意的是,在基带模块执行相关计算时,STAP 的权值应处于稳定状态,即权值的更新频率为每个积分间隔内更新 1 次。

3. 算法性能仿真

下面通过仿真将提出的组合自适应滤波算法与单独使用子空间正交投影算法进行性能对比。

仿真中天线阵列采用 7 阵元的线性均匀阵列,阵列接收信号中包含 4 个理想的扩频信号和 2 个干扰信号,各个信号的入射方位角均为 90°,扩频信号的信噪比为 – 25dB,与干扰信号的俯仰角不同,即各个信号均不在同一个方向上。干扰信号俯仰角为 60° 和 – 50°,干信比为 60dB。

假设扩频信号码速率为 1.023MHz,码周期为 1ms,接收机的中频采样频率设为 4.092MHz。取 1 个码周期的数据进行分析,即取 4092 个采样数据。首先采用子空间跟踪算法得到阵列方向图,然后对子空间正交投影处理后的数据进行最大化相关后 C/N_0 约束,得到最优权值 w,根据最优权值得到组合滤波后的阵列方向图,如图 7 – 17 所示。

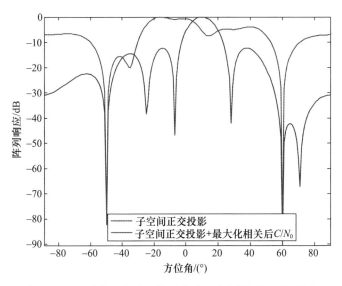

图 7 – 17　组合抗干扰处理前后的阵列方向图对比(见彩图)

对比图 7 – 17 中的两个方向图可以看出,应用组合抗干扰算法得到的方向图在干扰方向上分别产生了 – 82dB 和 – 90dB 的零陷深度,而单纯应用子空间正交投影算法得到更深的零陷分别为 – 80dB 和 – 92dB,组合滤波算法没有在干扰方向上明显增加零陷深度,但其方向图在空间非干扰方向上的增益比较均衡,对非干扰方向上的信号影响较小,因而能够提高扩频信号的同步性能。

最后研究组合滤波算法对信号同步性能的影响。接收机的同步过程是通过搜索码相位延迟和多普勒频移来完成的。实验仍采用上述信号源,假设码相位延迟为 2000 个抽样点,归一化的多普勒频移为 0.01。采样率为 4.092MHz,抽取数据长度为 1ms 内的数据。

对子空间投影后的信号进行两维搜索,通过与本地扩频码相关合并后得到的互相关函数如图 7 – 18 所示。对经组合抗干扰算法处理后的信号进行相关合并,得到的互相关函数如图 7 – 19 所示。

从图 7 – 18 和图 7 – 19 可以看出,当仅采用子空间正交投影处理

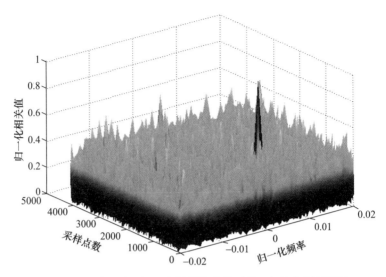

图7-18 采用子空间正交投影算法得到的互相关值(见彩图)

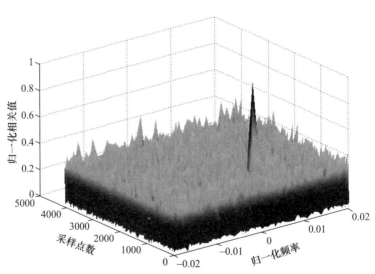

图7-19 采用组合抗干扰算法得到的互相关值(见彩图)

时,强干扰信号已经被滤除,接收机能够通过寻找互相关函数的峰值来完成信号的捕获和跟踪,然而此时噪声和干扰的影响仍然比较大,这容易引起接收机同步过程中的失捕、失锁等问题。而采用了组合滤波算法之后的信号,其互相关函数的峰值变得非常明显,从而使接收机可以稳定地进行信号的捕获和跟踪。

7.4 抗欺骗干扰技术

1. 相关峰位置比较法

对于码结构未公开的扩频信号,最容易实施的欺骗干扰方式是转发式干扰。由于转发信号经历的路径必然大于真实信号的路径长度,因此真实信号总是早于转发信号达到接收机,利用这一点即可实现真伪信号的辨别:在扩频码捕获阶段,假设码相位偏移的时间不确定度为 n,则搜索时总是先从时间不确定度的一端——超前本地时间 $n/2$ 的时刻对应的码相位开始搜索,而且是单向搜索,这样第一个相关峰超过检测门限的码相位即为真实信号的码相位。此方法可以有效对抗常规的转发干扰,但对于压制与欺骗相结合的欺骗方式却没有效果。

2. 钟偏判别法

所谓钟偏,是指本地钟的频率相对于标称值的偏差量。当接收机被欺骗,即利用欺骗干扰信号进行信息解算时,即使接收机的钟偏(本地频率偏差)为零,信息解算后得到的钟偏却不一定为零,而且这个频率往往较大,且变化较为剧烈,该值对应于接收机与干扰发射机载体的相对运动的多普勒频率,因此,可以利用解算得到的钟偏大小进行真伪判别。实际上,接收机真实的本地钟偏可以很容易控制在很小的量级,尤其是在短时间(分钟量级)内,其变化范围可以很容易稳定在 1Hz 量级范围内(例如,采用恒温晶振,本地钟偏在 1min 内的稳定度很容易达到 10^{-9} 量级)。也就是说,只要接收机载体与欺骗干扰发射机载体之间的相对速度起伏大于 0.25m/s(对应的多普勒起伏为 1Hz),即可识别出欺骗干扰。显然,维持一个稳定的本地时钟信号是此方法的应用前提。

3. 钟差判别法

对于高稳原子钟,24h 引起的钟差的变化量 $\leqslant 1\mu s$,利用此信息可以有效识别出各种形式的欺骗干扰。例如,对于直接转发式或者准生成式欺骗干扰,由于扩频信号发射端、欺骗信号转发站、被干扰接收机三者大多数情况下不会位于同一直线,扩频信号经过"发射端→欺骗转发站→被干扰接收机"的路径通常会比"发射端→被干扰接收机"的路径长若干千米,不妨假设为 5km,这样,被干扰接收机解算得到的系统时会比真正的系统时滞后"$5km \div 光速 \approx 16.7 \mu s$",而高稳原子钟 24h 的钟差的变化量$\leqslant 1 \mu s$,利用此信息便可有效识别出当前是否存在欺骗干扰。

4. 绝对功率判别法

常规的接收机,通常对接收信号的绝对功率不关心,而只关心有用信号与热噪声的相对关系——载噪比。这样,当敌方进行压制式欺骗干扰时,由于真实信号早已无法正常接收,只能利用虚假信号进行定位解算,由于接收机无法判断接收到的有用信号的绝对功率是否在合理范围内,从而无法识别该种干扰。如果将接收机的绝对功率信息送给基带处理单元,则可增加一个判别依据。

参 考 文 献

［1］ 田日才. 扩频通信［M］. 北京:清华大学出版社,2007.

［2］ PETERSON R L,ZIEMER R E,BORTH D E. 扩频通信导论［M］. 沈丽丽,等译. 北京:电
子工业出版社,2006.

［3］ 曾兴雯,刘乃安,孙献璞. 扩展频谱通信及其多址技术［M］. 西安:西安电子科技大学出
版社,2004.

［4］ 赵刚. 扩频通信系统实用仿真技术［M］. 北京:国防工业出版社,2009.

［5］ HOLMES J K. GNSS 与无线通信中的扩频系统［M］. 陈军,刘义,唐卓,等译. 北京:电子
工业出版社,2013.

［6］ 谢钢. GPS 原理与接收机设计［M］. 北京:电子工业出版社,2009.

［7］ 宋玉龙,廉保旺. GNSS 接收机采样率的选择及对相关器输出的影响［J］. 西北工业大学
学报,2014,32(1):75 – 80.

［8］ 姚如贵,冯泽明,赵雨,等. 基于 FFT 的时域并行捕获算法研究［J］. 西北工业大学学报,
2013,31(3):446 – 450.

［9］ 冯晓明. 高动态 GPS 接收机捕获与跟踪技术研究［D］. 西安:西北工业大学,2012.

［10］ 倪媛媛. 基于 PMF – FFT 的高动态扩频信号快速捕获算法研究与实现［D］. 西安:中国
科学院国家授时中心,2013.

［11］ 严晓东. 大频偏、高动态扩频信号同步、抗干扰技术及实现［D］. 北京:北京理工大
学,2016.

［12］ 唐小妹,黄仰博,王飞雪. 导航接收机中基于反正切鉴别器载波环路的分析及优化设计
［J］. 电子与信息学报,2010,32(7):1747 – 1751.

［13］ GUPTA I J,MPPRE T D. Space – frequency adaptive processing for radio frequency interfer-
ence mitigation in spread – spectrum receivers［J］. IEEE Trans. on Antennas and Propagation,
2004,52(6):1611 – 1616.

［14］ UTSCHICK W Tracking of signal subspace projectors［J］. IEEE Trans. on Signal Processing,
2002,50(4):769 – 778.

［15］ 赵宏伟,廉保旺,冯娟. GNSS 抗干扰接收机中的自适应波束形成算法［J］. 系统工程与
电子技术,2012,34(7):1312 – 1317.

［16］ 赵宏伟. GNSS 接收机自适应抗干扰与误差补偿技术研究［D］. 西安:西北工业大
学,2012.

［17］ CHOI Y H. Adaptive nulling beamformer for rejection of coherent and noncoherent interferences［J］. Signal Processing,2012,92:607 – 610.

［18］ MURESAN D D,PARKS T W. Orthogonal,Exactly Periodic Subspace Decomposition ［J］. IEEE Trans. on Signal Processing,2003,51(9): 2270 – 2279.

［19］ 黄龙,唐小妹,王飞雪. 卫星导航接收机抗欺骗干扰方法研究［J］. 武汉大学学报(信息科学版),2011,36(11): 1344 – 1347.

［20］ 黄龙,吕志成,王飞雪. 针对卫星导航接收机的欺骗干扰研究［J］. 宇航学报,2012,33(7): 884—890.

144

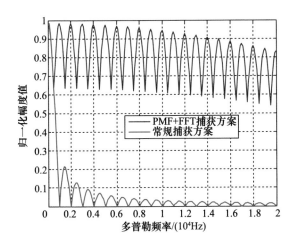

图 5 - 8   PMF - FFT 捕获方案与常规捕获方案幅频特性曲线比较

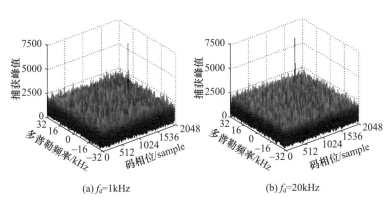

(a) f_d=1kHz

(b) f_d=20kHz

图 5 - 9   PMF - FFT 在不同多普勒频移下的捕获情况

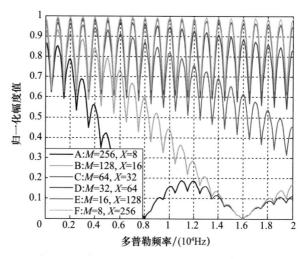

图 5 - 10　多普勒频移对不同规模 PMF - FFT 幅频特性的影响

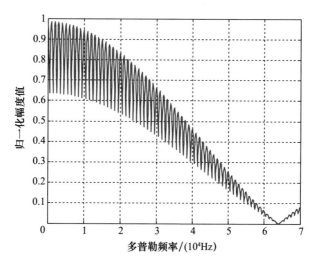

图 5 - 11　部分匹配滤波器长度为 32 时的频谱多普勒频移对
PMF - FFT 幅频特性的影响

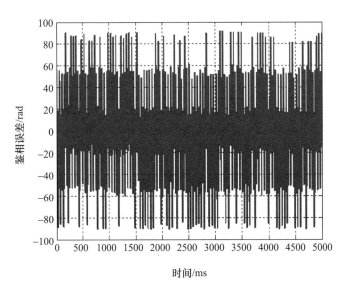

图 6-19 atan 鉴相器相位估计结果

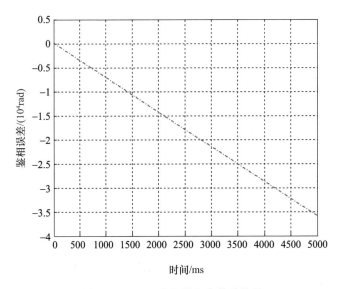

图 6-20 UFA 鉴相器相位估计结果

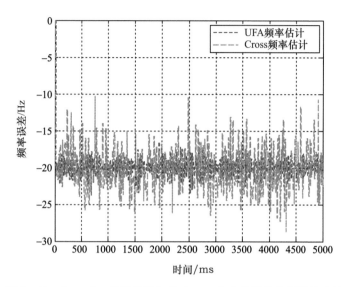

图 6－21　Cross/Dot 鉴频结果与基于 UFA 相位估计的鉴频结果比较

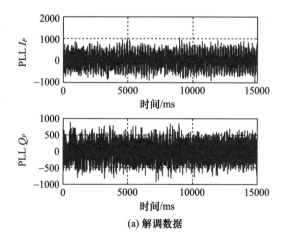

(a) 解调数据

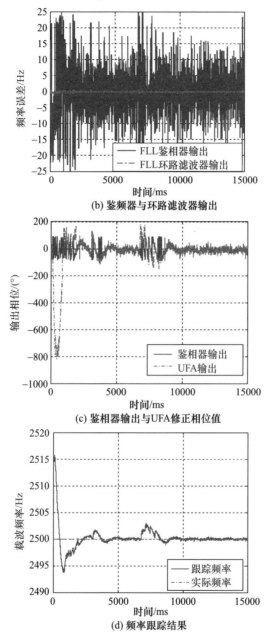

(b) 鉴频器与环路滤波器输出

(c) 鉴相器输出与UFA修正相位值

(d) 频率跟踪结果

图 6 - 22　静态条件下基于 UFA 的载波频率估计跟踪结果

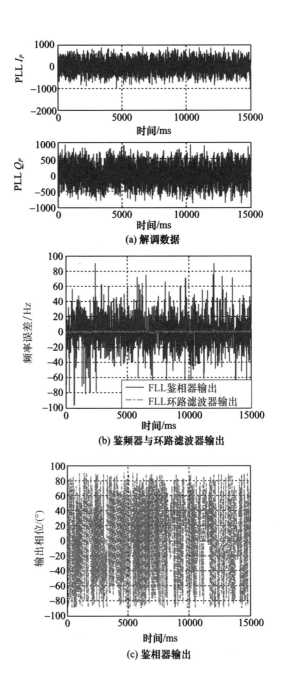

(a) 解调数据

(b) 鉴频器与环路滤波器输出

(c) 鉴相器输出

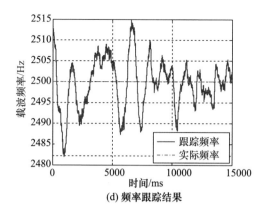

(d) 频率跟踪结果

图 6-23 静态条件下基于传统 Cross/Dot 鉴别器的载波
频率估计跟踪结果

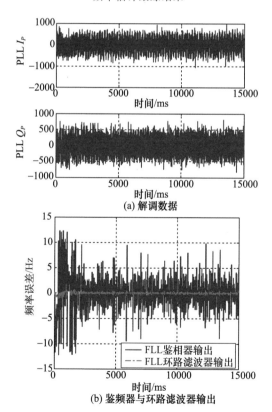

(a) 解调数据

(b) 鉴频器与环路滤波器输出

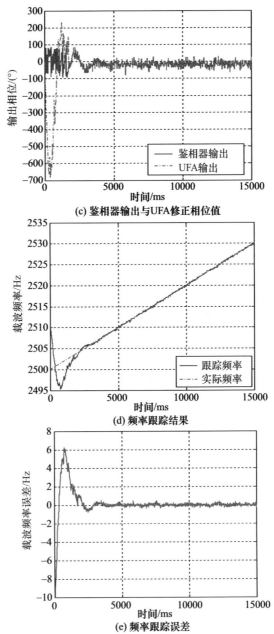

(c) 鉴相器输出与UFA修正相位值

(d) 频率跟踪结果

(e) 频率跟踪误差

图 6 - 24 动态条件下基于 UFA 的载波频率估计跟踪结果

彩 8

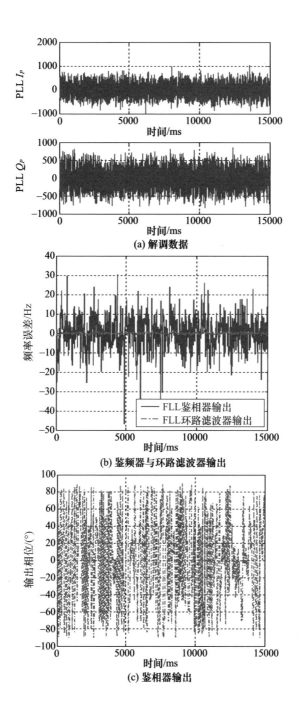

(a) 解调数据

(b) 鉴频器与环路滤波器输出

FLL 鉴相器输出
FLL 环路滤波器输出

(c) 鉴相器输出

彩 9

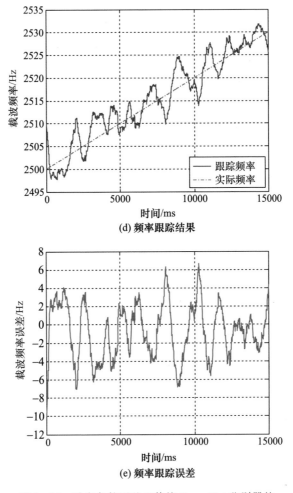

(d) 频率跟踪结果

(e) 频率跟踪误差

图 6-25　动态条件下基于传统 Cross/Dot 鉴别器的
载波频率估计跟踪结果

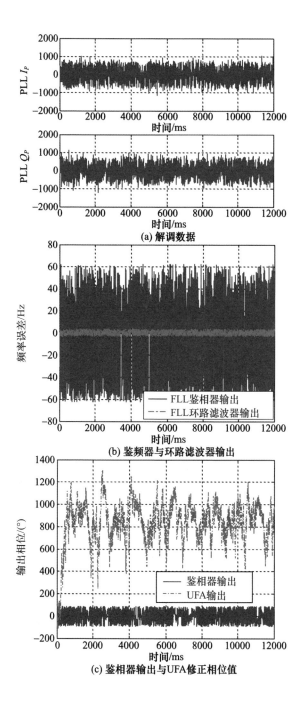

(a) 解调数据

(b) 鉴频器与环路滤波器输出

(c) 鉴相器输出与UFA修正相位值

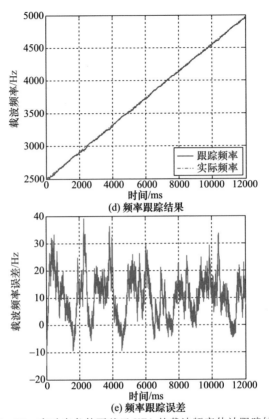

(d) 频率跟踪结果

(e) 频率跟踪误差

图 6-26 高动态条件下基于 UFA 的载波频率估计跟踪结果

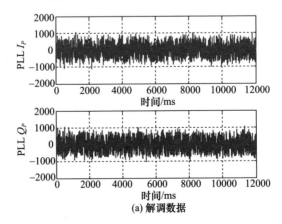

(a) 解调数据

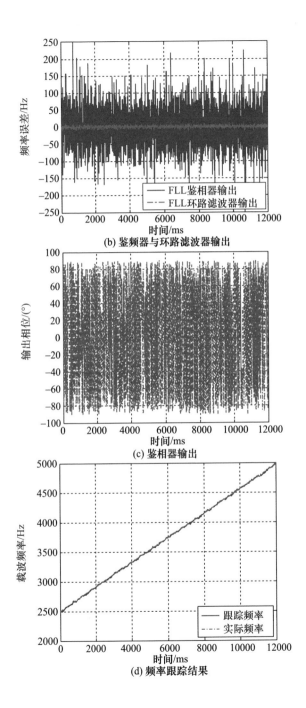

(b) 鉴频器与环路滤波器输出

(c) 鉴相器输出

(d) 频率跟踪结果

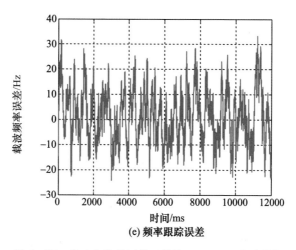

(e) 频率跟踪误差

图 6 - 27　高动态条件下基于传统 Cross/Dot 鉴别器的
载波频率估计跟踪结果

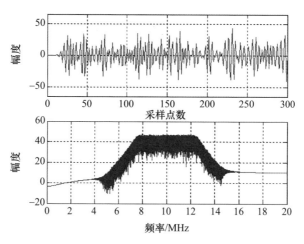

图 7 - 6　原始北斗 B1C 信号

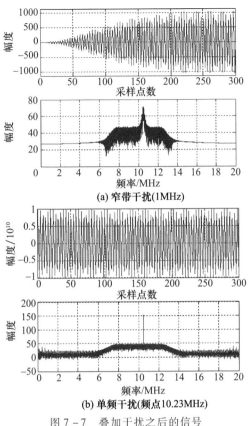

(a) 窄带干扰(1MHz)

(b) 单频干扰(频点10.23MHz)

图 7 - 7   叠加干扰之后的信号

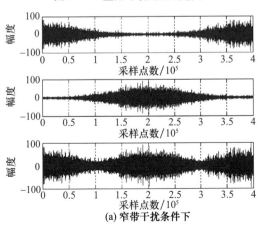

(a) 窄带干扰条件下

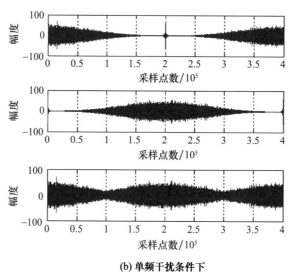

(b) 单频干扰条件下

图 7 - 8　重叠选择的每段信号

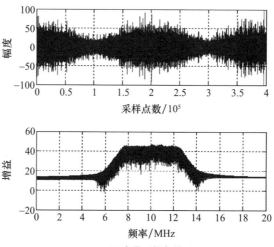

(a) 窄带干扰条件下

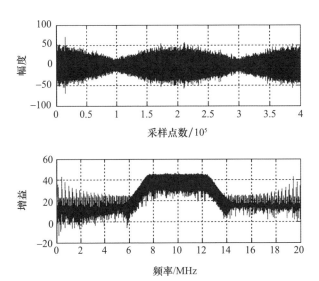

(b) 单频干扰条件下

图 7-9 干扰抑制后的频谱

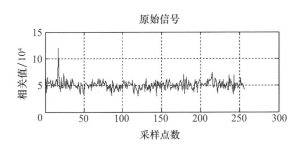

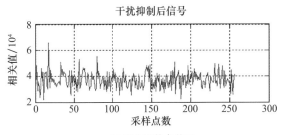

(a) 窄带干扰条件下

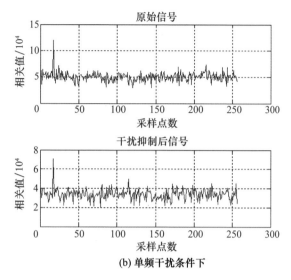

(b) 单频干扰条件下

图 7-10 干扰抑制后相关信号的峰值

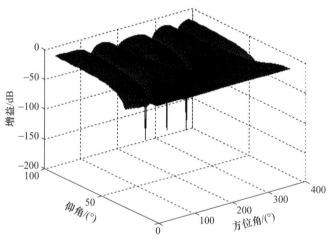

图 7-12 天线方向图

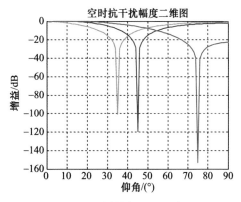

图 7 - 13　不同仰角下的天线增益

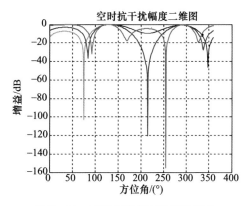

图 7 - 14　不同方位角下的天线增益

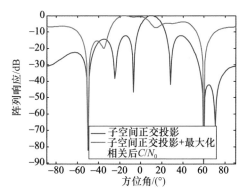

图 7 - 17　组合抗干扰处理前后的阵列方向图对比

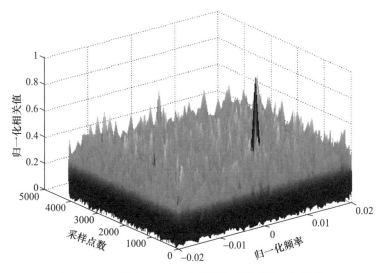

图 7 – 18　采用子空间正交投影算法得到的互相关值

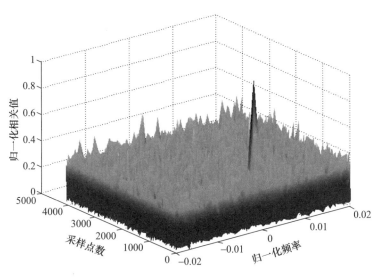

图 7 – 19　采用组合抗干扰算法得到的互相关值